普通高等学校"十四五"规划电子信息类专业特色教材

新工科暨卓越工程师教育培养计划电子信息类专业系列教材

丛书顾问 / 郝 跃

物联网通信技术与应用

WULIANWANG TONGXIN JISHU YU YINGYONG

赵军辉 张青苗 邹丹 ◎ 编著

U0362692

华中科技大学出版社

http://press.hust.edu.cn

中国·武汉

内 容 简 介

本书从物联网的三层结构出发,以感知控制层、网络传输层和应用层所涉及的通信技术为线索,介绍了物联网的概念、物联网通信技术的基础理论,并从物联网的通信距离和适用场景的角度,全面阐述了短距离无线通信技术、物联网中的移动通信技术和低功耗广域网通信技术,以及物联网通信技术在智能家居、智慧交通和智慧城市中的综合应用。物联网通信技术发展迅速,因此,本书最后还结合区块链、人工智能和5G等最新技术介绍了未来物联网。

本书可作为物联网专业、通信工程等相关专业的本科生教材或参考书,也可作为从事物联网研究的专业技术人员、管理人员的参考书。

图书在版编目(CIP)数据

物联网通信技术与应用/赵军辉,张青苗,邹丹编著.—武汉:华中科技大学出版社,2019.12 (2024.8重印)

新工科暨卓越工程师教育培养计划电子信息类专业系列教材

ISBN 978-7-5680-5748-6

Ⅰ.①物… Ⅱ.①赵… ②张… ③邹… Ⅲ.①互联网络-应用-教材 ②智能技术-应用-教材 Ⅳ.①TP393.4 ②TP18

中国版本图书馆 CIP 数据核字(2019)第 271072 号

物联网通信技术与应用
Wulianwang Tongxin Jishu yu Yingyong

赵军辉　张青苗　邹　丹　编著

策划编辑:汪　粲　王红梅
责任编辑:刘艳花
封面设计:廖亚萍
责任校对:阮　敏
责任监印:徐　露
出版发行:华中科技大学出版社(中国·武汉)　　电话:(027)81321913
　　　　　武汉市东湖新技术开发区华工科技园　　邮编:430223
录　排:武汉市洪山区佳年华文印部
印　刷:武汉市籍缘印刷厂
开　本:787mm×1092mm　1/16
印　张:9.75
字　数:232千字
版　次:2024年8月第1版第4次印刷
定　价:37.00元

编 委 会

前言

  物联网是信息学科、通信学科和自动化学科交叉融合的新型产业,被称为继计算机、互联网之后世界信息产业发展的第三次浪潮。

  物联网通过部署大量感知设备实现对物理世界的感知和控制,利用新一代信息通信技术将分布在不同地点的物体互联起来,使得物体之间能够像人与人之间一样相互通信,以增强物体智能化,因此,通信技术在物联网的发展中扮演着非常重要的角色。

  本书围绕物联网通信技术展开,介绍了物联网的概念、物联网通信技术的基础理论,并从物联网的通信距离和适用场景出发,全面阐述了物联网所涉及的短距离无线通信技术、移动通信技术和低功耗广域网通信技术,以及物联网通信技术在智能家居、智慧交通和智慧城市中的综合应用,并结合最新的区块链、人工智能和5G等技术介绍了未来物联网。

  全书分为7章,主要内容如下:第1章物联网通信技术概述,主要讲述物联网通信的基本概念、分类和发展前景;第2章物联网通信的基础知识;第3章短距离无线通信技术,包括蓝牙技术、ZigBee技术、无线传感器网络技术、射频识别技术、Z-Wave技术、超宽带技术和WiFi技术等;第4章物联网中的移动通信技术,重点讲述从2G到5G的移动通信网络架构和关键技术;第5章低功耗广域网通信技术,主要分析有着广泛应用前景的LoRa技术、NB-IoT技术和eMTC技术;第6章物联网通信技术的综合应用,包括智能家居、智慧交通和智慧城市等;第7章未来物联网。为便于学习者及时复习、巩固学习内容,本书每章都配有习题。

  本书在编写过程中注意突出以下特色。

  一是紧扣"新工科"发展的需求。物联网属于"新工科",是面向当前和未来,交叉复合的新型工科。本书在内容组织上,强调学科交叉,注重物联网技术和通信技术的融合。例如:在第1章中,从物联网的基本概念和结构出发,引出物联网通信技术的概念,强调二者的交叉;在第4章中,内容重点不是移动通信的原理,而是移动通信技术和物联网的融合发展。

  二是注重知识内容更新。当今信息技术发展迅速,本书在编写过程中:首先,注意用新观点、新思想阐述经典内容,如在第2章中用物联网中的最新应用来阐述通信技术中关于调制和编码的基本概念;其次,在内容上紧跟科技最新发展动态,不仅介绍了传统的近距离通信技术和移动通信技术,还介绍了当前在物联网中得到越来越多应用的NB-IoT、LoRa等低功耗广域网通信技术;此外,本书还在最后一章结合最新的区块链、人工智能和5G等技术对未来物联网进行展望。

  三是强调知识的应用。在第6章关于物联网通信技术的综合应用中,给出了丰富的应用案例,并设计了一些创新应用的习题供学生思考,有利于学生创新思维的培养。

  本书可作为物联网专业、通信工程等相关专业的本科生教材或参考书,也可作为从事物联网研究的专业技术人员、管理人员的参考书。

本书凝聚着众多工作人员的心血：第 1 章和第 6 章由赵军辉、张青苗编写；第 2 章由赵军辉、邹丹编写；第 3 章由张青苗、李磊编写；第 4 章由邹丹、陈垚编写；第 5 章由朱琳、罗凤林编写；第 7 章由朱琳、李磊、陈垚编写。全书由赵军辉负责总体组织和统稿。

本书的完成得到了国家自然科学基金面上项目（编号：61971191）、国家自然科学基金地区项目（编号：61661021）、江西省主要学科学术和技术带头人资助计划项目（编号：20172BCB22016）、江西省高等学校教学改革研究重点项目（编号：JXJG-16-5-7）、江西省教育科学"十三五"规划项目（编号：17YB056）、华东交通大学教材出版基金的资助。此外，本书在编写过程中还参考了书后所列参考文献的部分内容。在此一并表示衷心的感谢。

由于物联网技术和通信技术发展迅速，且编者水平有限，书中难免有疏漏和不足之处，敬请读者批评指正。

编　者
2024 年 6 月

目　录

1

物联网通信技术概述

在物联网(Internet of Things,IoT)中,通信技术起着重要的桥梁作用,它是实现物与物、物与人互联的技术手段。离开了通信,信息就无法进行共享和交换,物联网也就无从谈起了。本章从物联网的概念和体系架构入手,阐述物联网通信的概念、现状及发展趋势,重点介绍物联网通信的类别与技术特征,以及物联网通信技术发展方向和所面临的问题。

1.1 物联网概述

1.1.1 物联网的概念

物联网是继计算机、互联网之后世界信息产业发展的第三次浪潮。物联网的概念有狭义和广义两种说法。狭义的物联网就是通常所说的传感网,即给人们生活环境中的物体安装上传感器,以更好地帮助人们感知和认识环境,它是不接入互联网的。广义的物联网,是一个未来发展的愿景,等同于"未来的互联网"或"泛在网",能够在任何时间、任何地点实现人与物以及物与物之间的信息交换。

目前,对于物联网这一概念的准确定义业界一直未达成统一的认识,从物联网发展的历程,其大致有以下几种定义。

定义 1 把所有物品通过具有射频识别(Radio Frequency Identification ,RFID)技术和条码等信息的传感设备与互联网连接起来,实现智能化的识别管理。

这一定义最早是由麻省理工学院的 Auto-ID 中心提出的,其本质上是 RFID 技术和互联网的综合应用。RFID 技术是早期物联网最为关键的技术,当时认为物联网最具前景、最大规模的应用是零售和物流领域。利用 RFID 技术,通过互联网实现物品的自动识别和信息共享。

定义 2 在任何时间、任何地点,任何物体之间都可互联,无所不在的网络和无所不在计算的发展愿景,除 RFID 技术外,传感器技术、纳米技术、智能终端技术将得到更加广泛的应用。

这一描述是国际电信联盟(International Telecommunication Union,ITU)于 2005 年 11 月在突尼斯举行的"信息社会世界峰会"上发布的研究报告中定义的,物联网这个术语也是从那时广为流传的。该报告描述了世界上的万事万物,小到钥匙、手表、手机,大到汽车、楼房,只要嵌入一个微型的 RFID 芯片或传感器芯片,通过互联网就能够实现物与物之间的信息互联,从而形成一个无所不在的物联网。世界上所有的人和物在任何时间、任何地点,都可以方便地实现人与人、人与物、物与物之间的信息互联。该报告预见:RFID 技术、传感器技术、智能嵌入式技术和纳米技术将被广泛应用。

定义 3 由具有标识、虚拟个性的物体/对象所组成的网络,这些标识和个性等信息在智能空间使用智能的接口与用户、社会和环境进行通信。

该定义出自欧洲智能系统集成技术平台(EPoSS)于 2008 年发布的题为"Internet of Things in 2020"的报告中。该报告中分析并预测了未来物联网的发展趋势,认为 RFID 技术及相关的识别技术是未来物联网的基石。

定义 4 物联网是互联网发展的自然延伸和扩张,是互联网的一部分,可以被定义为基于标准的和可互操作的通信协议,且具有自配能力的、动态的全球网络基础框架。物联网中的"物"都具有标识、物理属性和实质的个性,使用智能接口实现与信息网络的无缝整合。

这是欧盟第 7 框架下 RFID 技术和物联网研究项目在 2009 年发布题为"物联网战略研究路线图"的研究报告中定义的。该项目的主要研究目的是便于欧洲内部不同 RFID 技术和物联网项目之间的组网;协调包括 RFID 技术的物联网研究活动;对专业技术和资源进行平衡,以使其研究效果最大化;在项目之间建立协同机制等。

定义 5 物联网是通过 RFID 装置、红外感应器、全球定位系统(Global Positioning System,GPS)、激光扫描器等信息传感设备,按照约定的协议,把任何物品与互联网连接起来,进行信息的交换和通信,以实现智能化的识别、定位、跟踪、监控和管理的一种网络。

该定义源于 2010 年我国的政府工作报告所附的注释中对物联网的说明。

从上述 5 种定义可以看出,虽然物联网的描述各不相同,但物联网的核心是人与物、物与物之间的信息通信,因此,物联网的基本特征可以概括为以下三点。

(1)可感知。利用 RFID、二维码、GPS、摄像头、传感器等设备,通过感知、捕获、测量等技术对物体进行实时信息的收集和获取。

(2)可互联。先将物体接入信息网络,再借助各种通信网络,如互联网等,可靠地进行信息实时通信和共享。

(3)智能化。通过云计算、边缘计算、模式识别等智能计算技术,对获取的海量信息进行分析和处理,按需、自动地获取有用的信息并对其进行利用,从而实现智能化的决策和控制。

1.1.2 物联网的内涵

物联网是新一代信息技术的重要组成部分,也是信息化时代的重要发展阶段。其本质主要包括两层含义。

1. 物联网实现物理世界与信息世界无缝连接

物联网是实现物理世界和虚拟世界融合的技术手段,因此,可以将物联网理解为物物互联的互联网、一个动态的全球信息基础设施。所以无论是称为物联网,还是称为传感网或泛在网,这项技术的实质是使世界上的人、物、网与社会融合为一个有机的整体。物联网概念的本质就是将地球上人类的经济活动、社会活动、生产活动与个人生活都放在一个智能的基础设施之上运行。

2. 连接到物联网上的"物"具有的基本特征

物联网的用户端延伸和扩展到了任何物品和物品之间进行信息交换和通信,也就是物物相息。通常物联网中的物要满足以下基本条件。

（1）有相应的接收器。

（2）有数据传输通路。

（3）有一定的存储功能。

（4）有操作系统。

（5）有专门的应用程序。

（6）有中央控制单元。

（7）有数据发送器。

（8）遵循物联网的通信协议。

（9）有在网络中可被识别的唯一编号。

归纳起来,连接到物联网中的每个物品要具备四个基本特征:地址标识、感知能力、通信能力和控制能力。

物联网的关键不在"物",而在"网"。物联网实际上指的是在网络的范围之内,可以实现人对人、人对物以及物对物的互联互通,在方式上可以是点对点,也可以是点对面或面对点,它们经由互联网,通过适当的平台,可以获取相应的信息或指令,或传递相应的信息或指令。

物联网的精髓不仅是对物实现连接与操控,它通过技术手段的扩展赋予网络新的含义,实现人与物、物与物的相融合互动、交流和沟通。物联网是互联网的一种延伸和扩展,不仅具有互联网的特性,也具有互联网当前不具备的特性;不仅可以实现以人找物,还可以实现以物找人,通过对人的规范性回复进行识别,能够做出方案性的选择。

1.1.3　物联网的体系结构

物联网是一个庞大、复杂和综合的信息集成系统。物联网的体系结构包括三个层次,即感知控制层、网络传输层和应用层,如图 1-1 所示。

感知控制层解决的是现实世界和物理世界的数据获取问题,包含三个子层,分别是数据采集子层、短距离通信传输子层和协同信息处理子层。数据采集子层通过各种传感器、RFID 阅读器、摄像头、条码识读器和实时定位装置等感知设备获取现实世界的物理信息,这些物理信息描述了物联网中"物"的当前状态。短距离通信传输子层将局部范围内采集的信息汇聚到网络传输层的信息传输系统,该子层主要包括短距离有线数据传输、短距离无线数据传输和无线传感器网络等。协同信息处理子层将局部范围内采集到的信息通过汇聚装置即协同处理系统进行数据汇聚处理,以降低信息的冗余度、提高信息的综合应用度、降低与传输网络层的通信负荷为目的,旨在解决感知层数据与多种应用平台间的兼容性问题。

网络传输层将来自感知控制层的信息通过各种承载网络传送到应用层。各种承载网络包括现有的各种公用通信网络、专用通信网络,目前这些通信网主要有移动通信网、互联网等。

应用层主要解决的是信息处理和人机界面的问题,是物联网体系结构的最高层,是"物"的信息综合应用的最终体现。"物"的信息综合应用依据行业不同而不同。应用层主要分为两个子层：服务支撑层和行业应用层。服务支撑层主要用于各种行业应用的信息协同、信息处理、信息共享、信息存储等，是一个公用的信息服务平台。行业应用层主要面向诸如环境检测、智能医疗、智能家居、智慧城市、智能农业等方面的应用。

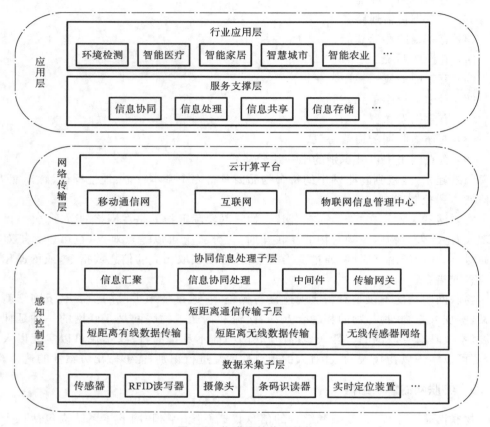

图 1-1　物联网的体系结构

物联网各层之间，信息不是单项传递的，有交互、控制等，所传递的信息也是多种多样的，包括特定应用系统范围内能唯一标识物品的识别码和物品的静态及动态信息。尽管物联网的应用千差万别，但是每个应用的基本架构都包括感知、传输和应用三个层次，各种领域的应用子网都是基于三层基本架构构建的。

1.2　物联网通信系统

1.2.1　物联网通信系统结构

在物联网中，通信系统的主要作用是将信息安全、可靠地传送到目的地。由物联网的体系结构可知，物联网通信系统主要包括感知控制层通信和网络传输层通信两个方面，物联网通信系统的基本结构如图 1-2 所示。

感知控制层通信系统是用来感知控制传感设备所具有的通信能力的。一般情况下,若干感知控制层通信系统负责某一感知控制区域,整个物联网可划分为多个感知控制区域,每个区域都通过一个汇聚系统接入到网络传输层。

图 1-2 物联网通信系统的基本结构

网络传输层通信系统主要是为了支持互联网而构成的数据业务传输系统,一般由公众通信网络和专用通信网络承载,其主要功能是保证互联网有效运行。

物联网虽然采用的是以数据为主的通信手段,但由于物联网具有异构性,物联网采用的通信方式和通信系统也具有异构性。从承载通信的方式上来看,感知控制层通信可以是不同模式的有线或无线方式;从采用的通信协议上来看,网络传输层采用的是基于 IP 的通信协议,而在感知控制层却使用了多种协议,如 ZigBee、X. 25 协议或基于工业总线的协议等。

1.2.2 感知控制层通信技术

物联网在传统网络的基础上,从原有网络用户终端向"下"延伸和扩展,扩大通信的对象范围,通信不仅局限于人与人之间的通信,还扩展到人与现实世界的各种物体之间的通信。感知控制层是物联网发展和应用的基础,具有全面感知的核心能力,因此,感知控制层通信的目的是将各种感知控制层通信系统(或传感设备、数据采集设备以及相关的控制设备)所感知的信息在较短的通信距离内传送到汇聚系统,并由该系统传送(或互联)到网络传输层。其通信的特点是传输距离近,传输方式灵活、多样。

感知控制层通信系统采用的通信技术主要是短距离通信技术,包括短距离有线数据传输、短距离无线数据传输和无线传感器网络。

感知控制层短距离有线数据传输通信系统主要是由各种串行数据通信系统构成的,目前采用的系统主要有 RS232/485、CAN 工业总线及各种串行数据通信系统。

感知控制层短距离无线数据传输通信系统主要由各种低功率、中高频无线数据传输系统构成,目前主要采用蓝牙、IrDA 红外、WiFi 等技术。感知控制层通信通常是有线和无线数据传输技术协同工作,从而传递数据到网关设备。这里的短距离通信技术,主要是指通信距离小于 10 m、速率低于 1 Mb/s 的中低速无线短距离传输技术。短距离通信技术将在第 3 章介绍。

无线传感器网络(Wireless Sensor Network,WSN)是一种部署在感知区域内,由大量的微型传感器节点通过无线传输方式形成的一个多跳的自组织网络。它是一种网络规模大、自组织、多跳路由、动态拓扑、可靠性高、以数据为中心、能量受限的网络,是物联网的核心技术之一。

1.2.3 网络传输层通信技术

物联网的价值主要在网,而不在物。感知只是第一步,如果没有一个庞大的网络体系对感知的信息进行管理和整合,物联网就失去意义。

在物联网中,网络传输层能够把感知控制层感知到的数据无障碍、高可靠、高安全地进行传送,它解决的是感知控制层所获得数据在一定范围内,尤其是远距离传输的问题。

网络传输层是数据通信主机(或服务器)、网络交换机、路由器以及数据传送网络支撑下的计算机通信系统,其通信系统的基本结构如图 1-3 所示。

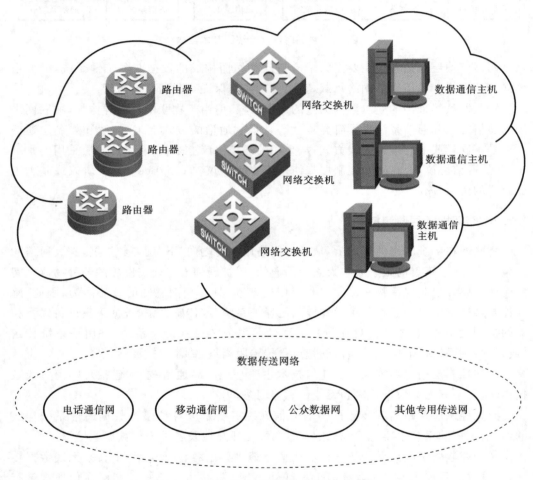

图 1-3　网络传输层通信系统的基本结构

网络传输层通信系统中支持计算机系统的数据传送网络可由电话通信网、移动通信网、公众数据网和其他专用传送网构成。利用移动通信网和其他专用传送网构成的数据传送平台是物联网网络传输层的基础设施,数据通信主机、网络交换机及路由器等构成的计算机网络系统是物联网网络传输层的功能设施,不仅为物联网提供了各种信息存储、信息传送、信息处理等基础服务,还为物联网的综合应用提供了信息承载平台,保障了物联网各专业领域的应用。

物联网网络传输层主要的通信技术包括 M2M(Machine to Machine)技术、无线个域网和移动通信技术,关于移动通信技术将在第 4 章中详细介绍。

1.3 物联网通信技术分类

按照不同的分类标准,物联网通信技术有不同的类别。按照信道中传输的信号,物联网通信技术可以分为模拟通信和数字通信技术;按照工作频率,物联网通信技术可以分为微波通信技术、短波通信技术、中波通信技术、长波通信技术等;按照传输介质,物联网通信技术可以分为有线通信和无线通信技术。本书主要按照通信距离来介绍通信技术的分类,物联网无线通信技术分为短距离无线通信技术、移动通信技术、低功耗广域网通信技术等,如图 1-4 所示。

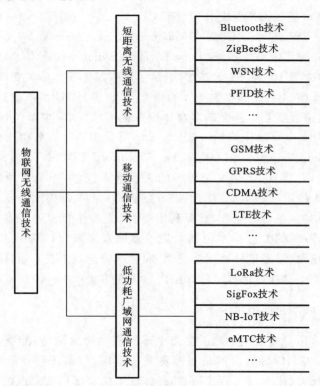

图 1-4 物联网无线通信技术分类

1.3.1 短距离无线通信技术

短距离通信技术是指短距离内的信息传输技术,该技术主要解决物联网感知层信息采集的无线传输。不同的应用对象和应用场景采用的短距离通信技术不同,常用的短距离通信技术主要包括蓝牙(Bluetooth)技术、ZigBee 技术、WSN 技术和 RFID 技术等。有关短距离无线通信技术的详细内容将在第 3 章中介绍。

1.3.2 移动通信技术

移动通信技术是指通信双方或至少有一方处于运动状态的时候进行信息传输和交

换的通信技术,其特点之一就是用户的移动性。移动通信是远距离通信的一种,它已经成为现代综合业务通信网不可缺少的一环。

移动通信技术作为当今社会信息化革命的先锋,已经成为最受瞩目的通信技术。近年来,移动通信技术的发展迅猛,各种新技术、新标准不断问世。纵观移动通信的发展历史,移动通信已经从第一代移动通信系统(1G)发展到第五代移动通信系统(5G),从 2018 年开始,各国已着手研究第六代移动通信系统(6G)。第一代移动通信系统主要采用模拟通信和频分多址(Frequency Division Multiple Access,FDMA)技术,同时利用蜂窝组网技术来提高频谱资源的利用率。第二代移动通信系统(2G)以数字化为主要特征,主要技术包括全球移动通信系统(Global System for Mobile Communication,GSM)技术、通用分组无线服务(General Packet Radio Service,GPRS)技术和码分多址(Code Division Multiple Access,CDMA)技术。在第三代移动通信系统(3G)问世前,世界移动通信市场被 GSM 技术和窄带 CDMA 技术垄断着。3G 在制式上主要采用宽带码分多址(Wideband Code Division Multiple Access,WCDMA)技术、CD-MA2000 技术和分时宽带码分多址(Time Division Synchronous CDMA,TD-SCDMA)技术,在技术上解决了 1G 和 2G 的弊端,满足了以多媒体业务为主要需求的通信要求。第四代移动通信系统(4G)能够提供更大的频宽要求,满足 3G 尚不能达到的在覆盖、质量、成本上支持高速数据和高分辨率多媒体服务的需求。4G 主要包括两种技术:分时长期演进(Time Division Long Term Evolution,TD-LTE)技术和频分双工长期演进(Frequency Division Duplexing Long Term Evolution,FDD-LTE)。第五代移动通信技术与 4G、3G、2G 不同,它不是一个单一的无线接入技术,而是多种新兴无线接入技术和现有无线接入技术演进集成后的解决方案总称。与 4G 相比,5G 具有超高的频谱利用率和超低的功耗,在传输速率、资源利用、无线覆盖性能和用户体验等方面有显著的提高。5G 通信系统的关键技术包括大规模多输入多输出(Multiple Input Multiple Output,MIMO)技术、超密集异构网络技术、同时同频全双工技术、自组织网络技术、网络架构技术等。关于移动通信技术的详细内容将在第 4 章中介绍。

1.3.3　低功耗广域网通信技术

目前全球电信运营商已经构建了覆盖全球的移动蜂窝网络,能够解决远距离通信的问题,然而 2G、3G、4G 等蜂窝网络虽然覆盖范围广,但基于移动蜂窝通信技术的物联网设备通常功耗大、成本高。另外,当初设计移动蜂窝通信技术也主要是用于人与人的通信,根据权威的分析报告,当前全球真正承载在移动蜂窝网络上的物与物的连接仅占连接总数的 6%,如此低的比重,主要原因在于当前移动蜂窝网络的承载能力不足以支撑物与物的连接。物联网的快速发展向无线通信技术提出了更高的要求,专为低带宽、低功耗、远距离、大量连接的物联网应用而设计的低功耗广域网快速兴起。

低功耗广域网通信技术可分为两类:一类是工作于未授权频谱的远距离无线电(Long Range Radio,LoRa)技术、SigFox 技术等;另一类是工作于授权频谱下,3GPP 支持的 2G/3G/4G 蜂窝通信技术,如窄带物联网(Narrow Band Internet of Things,NB-IoT)技术、增强型机器类型通信(enhanced Machine Type Communication,eMTC)技术等。低功耗广域网通信技术的详细内容将在第 5 章中介绍。

1.4　物联网通信技术的发展

物联网通信技术作为一种新兴的信息通信技术(Information Communication Technology，ICT)，是现有信息技术、通信技术和自动化控制技术的融合与创新，是实现物品之间能够像人与人一样互相通信的手段，以增强物体的智能化。

1.4.1　物联网通信技术发展面临的问题

信息技术和网络技术的快速发展，促使物联网得到了越来越广泛的应用和推广，但同时也对物联网通信技术提出了更高的要求，因此，现阶段对物联网通信技术的研究，不论是在理论方面，还是在实践方面都还面临着一系列需要解决和突破的问题。

1. 频谱资源的利用和分配问题

物联网追求的是"无处不在""随时接入"的通信。另外，随着物联网的发展，终端数量的急剧增多，物联网通信需要大量的频段资源以满足接入网络的需求。

一方面，可以通过扩频通信技术、认知无线电技术等通信技术提高频谱资源的利用率。从理论上讲，在一定的区域范围内，支持信息传输的电磁波频段是不能重叠的，否则会造成电磁波干扰，影响通信质量。但采用扩频通信技术则可以通过重叠的频段来传输信息，这就需要研究扩频通信的技术及规则，使大量部署的以扩频通信为无线传输方式的无线传感器之间的通信不因受到干扰而影响通信质量。认知无线电技术也是当前解决频谱资源紧张问题的一项关键技术，该技术可以识别利用率低的无线频段，寻找"频谱空洞"，并通过通信协议和算法，回收、统一管理和优化分配这些频谱资源，提高频谱资源利用的高效性，解决无线频谱资源紧张的问题。

另一方面，还需要研究频谱资源分配的技术，在充分利用时分、空分或时分＋空分技术的基础上根据智能天线的原理，开发出合理、价格低廉、适于物联网通信的装置，以满足无线传感器网络的大量部署对频谱资源的要求。

2. 网络的异构性问题

物联网的接入形式多样，多种通信技术手段并存，为物联网提供通信服务、通信协议也是多样的，并且它们接入不同的通信网络，这就形成了物联网通信的异构性。特别在以无线通信方式的物联网终端接入，这个问题尤为突出，体现在以下几个方面。

1) 接入技术的异构性

因为它们的传输机制不同，覆盖的范围不同，可以获得的传输速率不一样，提供的服务质量(Quality of Service，QoS)不一样，面向的业务和应用也不一样。

2) 终端的异构性

因为业务应用的不同，终端已从手机延伸到各种类型的信息终端、移动办公终端等，它们的接入能力、移动能力和业务能力也各不相同。

3) 频谱资源的异构性

因为接入的通信网络不同，工作的频段也是多样的，不同的频段的传输特性是不同的，而且适用于各种频段的无线技术也不一样。

4）运营管理的异构性

不同的运营商基于开发的业务以及用户群也不相同,因此,其管理策略和资费策略也不同。

3. 无线传感器网络问题

无线传感器网络是物联网通信的核心,但目前在无线传感器网络的研究中,尚有一些关键技术需要突破。

能效问题一直是无线传感器网络研究的热点问题。一方面,无线传感器网络中需要数量更多的传感器,传感器种类也要求多样化,不同类型的无线传感器网络使用不同的通信协议,这就使得不同的无线传感器网络的接入及配合部署需要协议转换环节,同时也增加了节点的能耗,会导致耗电量的加大,但由于传感器节点是能量受限的,因此在应用上,其寿命受到了较多的限制。另一方面,通信过程传输单位比特能量消耗过大,这是由于通信协议中增加了过多的比特开销,以及收发节点之间的相互认证、等待等能量开销。因此,研究高能效无线传感器网络是物联网需要解决的问题。

4. IP 网络技术问题

物联网的网络传输层及感知控制层的部分物联网终端采用的是 IP 通信机制,目前 IPv4 和 IPv6 两种 IP 通信方式共同应用。两种 IP 通信方式共同应用的自动识别与转换技术,以及克服 IP 通信带来的 QoS 不稳定和安全隐患是 IP 网络技术需要进一步解决的问题。

1.4.2 物联网通信技术发展的趋势

通信技术是物联网的关键支撑技术,随着信息技术的发展,在物联网的演进中,发展出了多种支撑传感器网络的短距离无线通信系统和支撑承载网络的中远距离无线通信系统。随着物联网规模的扩大和对通信容量与时效性需求的增加,通信技术必须适应物联网的发展要求,进行不断的创新,为物联网自身功能的拓展和更加广泛的推广应用提供有效的支撑。就目前而言,尚不能较清楚地看到物联网通信技术发展的趋势,但可以从当前物联网发展所面临的问题和当前研究方向上看出端倪。目前,物联网通信技术重点研究以下几个问题。

1. 适应"泛在网络"的通信技术

前面介绍过物联网的广义概念就是"泛在网络",指"无所不在"的网络。日本和韩国于 1991 年提出"泛在计算"概念后,首次提出建设"泛在网络"构想。"泛在网络"是由智能网络、先进计算技术和信息基础设施构成的。其基本特征是"无所不在、无所不包、无所不能",目标是实现在任何时间、任何地点,任何人、任何物都能顺畅地通信,这是人类信息社会和物联网的发展方向。因此,物联网通信技术的发展必须适应"泛在网络"的未来要求,营造高速、带宽、品质优良的通信环境,解决影响通信传输质量的问题,真正实现"无处不在"的目标。

2. 支撑"异构网络"的通信技术

随着接入物联网设备的数量越来越多,无线传感器网络和接入通信网络的结构也多种多样,引入的通信技术和协议也越来越复杂,形成了不同的通信网络结构共存的局面,影响了物联网的互联互通和互操作性能。所以需要将多种不同的无线通信网络融合在一起,以形成一个异构无线通信网络,为各级用户提供无缝切换和优质的通信服务。异构无线通信网络是未来物联网技术的发展方向,未来的通信技术必须为物联网异构无线通信网络的融合提供支撑,解决多协议冲突等问题,主要是以下三个层次上的融合。

1)业务融合

以统一的 IP 网络技术为基础,向用户提供独立于接入方式的服务。

2)终端融合

随着新的无线接入技术的不断涌现,为了同时支持多种接入技术,终端会变得越来越复杂,成本也变得越来越高,更好的方案是采用基于软件无线电的终端重置技术,它可以使得原本功能单一的移动终端设备具备接入不同无线网络的能力。

3)网络融合

网络融合包括固定网与移动网的融合、核心网与接入网的融合、不同无线接入系统之间的融合等。

3. 支持"大数据与云计算"的通信技术

未来物联网的规模将越来越大,必将产生大量的数据。这些由不同接入网络产生的数据呈现出规模大、类型多、速度快、结构复杂等特点,具有大数据的显著特征,给数据的存储、处理、传输带来了影响。大数据获取、预处理、存储、检索、分析、可视化等关键技术,以及云计算的集中数据处理和分布式运算技术为物联网中的大规模数据处理提供了支撑。现在是大数据时代,因此,必须发展广泛支持云计算和大数据技术的物联网通信技术,解决因物联网规模扩大对通信速度、带宽等需求增加的问题。

4. 具备"低成本、低功耗、广覆盖"的长距离通信技术

为满足越来越多远距离物联网设备的连接需求,近几年兴起的低功耗广域网成为物联网通信发展的一个重要方向。1.3.3 节中提到过,低功耗广域网专为低带宽、低功耗、远距离、大量连接的物联网应用而设计,尤其以 LoRa 技术和 NB-IoT 技术为代表的两种低功耗广域网技术得到了越来越多的应用,其中 LoRa 技术是工作在非授权频率的代表技术,NB-IoT 技术是工作在授权频率的代表技术。

LoRa 技术作为一种无线技术,基于 Sub-GHz 的频段使其更易以较低功耗远距离通信,可以使用电池供电或者其他能量收集的方式供电;较低的数据速率也延长了电池寿命和增加了网络的容量;LoRa 信号对建筑的穿透力很强。LoRa 技术的这些技术特点更适合于低成本大规模的物联网部署。LoRa 技术适合于通信频次低、数据量不大的应用。

NB-IoT 技术是 2015 年 9 月在 3GPP 标准组织中立项提出的一种新的窄带蜂窝通信 LPWAN 技术。NB-IoT 技术是 LPWAN 技术中的"新秀",不同于工作在未授权频谱的 LoRa 技术,NB-IoT 技术构建于蜂窝网络,可直接部署于 GSM 网络、UMTS 网络或长期演进(Long Term Evolution,LTE)网络,以降低部署成本、实现平滑升级。此外,NB-IoT 技术具备功耗低、覆盖广、成本低、容量大等优势,使其可以广泛应用于多种垂直行业。NB-IoT 技术应用场景按对象可分为四大类:家居场景、个人场景、公共事业场景和工业场景。家居场景主要对应安防管理、家电控制、环境控制等场景;个人场景主要对应可穿戴设备、儿童照料、智能自行车等场景;公共事业场景主要对应智能抄表、

报警探测器、智能垃圾桶等场景；工业场景主要对应物流追踪、物品追踪与智能农业等场景。

1.5 本章小结

物联网是现有信息技术、通信技术、自动化控制技术等深度融合与发展的产物。其实质是采用各种传感设备感知各种"物"的信息，传输到以互联网为核心的网络上，以实现对"物"的智能控制，完成想要的应用。从体系结构上看，物联网由三个层次组成，包括感知控制层、网络传输层和应用层。

根据物联网的体系结构，物联网通信系统包括感知控制层通信系统和网络传输层。感知控制层通信的目的是将各种传感设备采集到的"物"的信息在较短的距离内传送到汇聚系统，并传送到网络传输层，其特点是传输距离近、通信方式灵活。网络传输层通信是实现把感知控制层感知的数据无障碍、高可靠、高安全地进行传送，其特征是远距离信息传输。

物联网通信技术按照传输距离的大小可分为短距离通信技术和长距离通信技术。短距离通信技术代表有 ZigBee 技术、WiFi 技术、Bluetooth 技术、Z-wave 技术等。长距离通信技术主要包括移动通信技术和近几年才兴起的低功耗广域网通信技术。

当前物联网通信尚存在一些需要解决的问题，包括频谱资源的利用和分配问题、网络的异构性问题、无线传感器网络问题和 IP 网络技术问题等。适应"泛在网络"的通信技术、支撑"异构网络"的通信技术、支持"大数据与云计算"的通信技术和具备"低成本、低功耗、广覆盖"的长距离通信技术是物联网通信技术主要的发展方向。

习 题 1

一、选择题。

1. 第三次信息技术革命指的是（　　）。
    A. 互联网　　　　　　　B. 物联网　　　　　　　C. 智慧地球

2. 物联网体系结构划分为三层，网络传输层在（　　）。
    A. 第一层　　　　　　　B. 第二层　　　　　　　C. 第三层

3. 物联网的三层体系结构中不包括（　　）。
    A. 感知控制层　　　　　B. 网络传输层　　　　　C. 会话层

4. 属于感知控制层通信技术的是（　　）。
    A. ZigBee 技术　　　　B. 4G 网络　　　　　　C. 5G 网络

5. 属于网络传输层通信技术的是（　　）。
    A. ZigBee 技术　　　　B. 蓝牙技术　　　　　　C. 4G 网络

6. RFID 属于物联网的（　　）层。
    A. 感知控制层　　　　　B. 网络传输层　　　　　C. 应用层

7. 物联网的异构融合中，不包括的融合方式为（　　）。
    A. 业务融合　　　　　　B. 终端融合　　　　　　C. 传输介质融合

8. 不属于低功耗广域网的是（　　）。

　　　A．LoRa 技术　　　　　　B．NB-IoT 技术　　　　　C．2G 网络

9．物联网感知控制层的终端接入网络首选通信方式是（　　）。

　　　A．有线通信　　　　　　B．无线通信　　　　　C．光纤通信

10．下列不属于物联网应用的是（　　）。

　　　A．智能家居　　　　　　B．智慧交通　　　　　C．视频会议

二、简答题。

1．简述物联网的概念。

2．阐述物联网的内涵。

3．物联网三层体系结构中主要包含哪三层？简述每层内容。

4．物联网通信系统主要由哪两类构成？

5．简述感知控制层通信系统通信的目的和特点。

6．网络传输层通信系统主要由哪些设备及系统构成？

7．简述物联网通信的类型。

8．目前物联网通信技术面临哪些问题？有哪些主要的发展方向？

三、填空题。

1．物联网的概念有狭义和广义两种说法。狭义的物联网就是通常所说的_____。广义的物联网，是一个未来发展的愿景，等同于_____或_____，能够实现任何时间、任何地点，人与物以及物与物之间的信息交换。

2．物联网通信系统包括感知控制层通信和网络传输层通信两个部分，其中传感器控制层通信采用的通信技术主要是_____。

3．物联网通信技术按照传输距离的大小可分为_____和长距离通信技术。长距离通信技术主要包括_____和_____。

4．对于无线通信方式，从理论上讲，在一定的区域范围内，支持信息传输的电磁波频段是不能重叠的，否则会造成电磁波干扰，影响通信质量。但采用_____技术则可以通过重叠的频段来传输信息。

5．认知无线电技术是当前解决频谱资源紧张问题的一项关键技术，该技术可以识别利用率低的无线频段，寻找_____，并通过通信协议和算法，回收、统一管理和优化分配这些频谱资源，提高频谱资源利用的高效性，解决无线频谱资源紧张的问题。

6．支撑异构网络的通信技术，主要在以下几个方面进行网络融合：业务融合、_____、_____。

7．发展广泛支持_____和_____技术的物联网通信技术，解决因物联网规模扩大对通信速度、带宽等需求增加的问题。

2

物联网通信的基础知识

通信的目的是为了有效和可靠地传递和交换信息。在物联网中,通信技术起着至关重要的作用,离开了通信,物联网感知的大量信息就无法进行有效的交换和共享,因此,学习物联网技术应该先掌握通信的基本知识和技术。

本章从通信的基本概念和通信系统的模型入手,介绍了物联网通信涉及的主要通信技术,重点阐述了物联网通信中的信源编码技术、信道编码技术和调制技术,为进一步学习和研究物联网的关键技术奠定基础。

2.1 通信的基本概念和通信系统的组成

按照传统的理解,通信就是消息的传输与交换,把消息从一地传送到另一地。通信系统中传输的具体对象是消息。消息是物质或精神状态的一种反映,如语音、文字、音乐、数据、图片或活动图像等。信息是消息中包含的有意义的内容(有效内容)。通信的最终目的是有效和可靠地获取、传递和交换信息。实际的通信系统通常太过复杂,因此,可以将通信系统和设备中信息传输的完整过程高度概括后得到通信系统的模型。

2.1.1 通信系统的一般模型

通信的目的是传递信息。通信系统包括传递信息所需的一切技术设备和传输介质,其作用是将信息从信息源发送到目的地。通信系统的一般模型如图 2-1 所示,它由信息源、发送设备、信道、接收设备和受信者五部分组成。

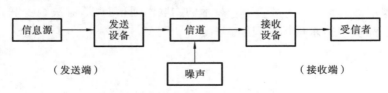

图 2-1　通信系统的一般模型

图 2-1 中各部分的功能简述如下。

(1) 信息源(信源):将各种信息转换成原始电信号。原始电信号通常称为基带信号。基带信号是指具有从零频或近于零频开始的低频频谱的信号,如话音信号(频率范围为 300～3400 Hz),电视图像信号(频率范围为 0～6 MHz)等。根据信息的种类不同,信息源可分为模拟信息源和数字信息源。模拟信息源输出连续的模拟信号,数字信息源输出离散的数字信号。

(2)发送设备:产生适合在信道中传输的信号,即将发送信号的特性和信道特性相匹配,使其具有抗信道干扰能力,并且具有足够的功率以满足远距离传输的需要。

(3)信道:信息传输的通道,用来将来自发送设备的信号传送到接收端,如自由空间等无线信道;明线、电缆、光纤和波导等有线信道。

(4)接收设备:从受噪声影响的接收信号中正确恢复出原始电信号。

(5)受信者(信宿):其功能与信源相反,即把原始电信号还原成相应的信息。对语音信号来说,信宿可以是扬声器、耳机等。

2.1.2　数字通信系统组成

1. 数字通信系统模型

数字通信系统是利用数字信号形式来传递信息的通信系统,其模型如图 2-2 所示。数字通信系统涉及的技术问题很多,其中主要有信源编码与信源译码、信道编码与信道译码、数字调制与数字解调等。图 2-2 是数字通信系统的一般模型,当然不同的系统依据实际情况会有所不同,实际的数字通信系统不一定包括图中的所有环节,如数字基带传输系统无数字调制和数字解调。

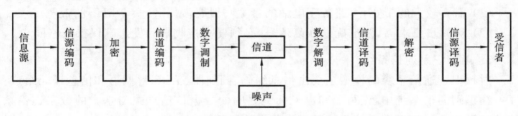

图 2-2　数字通信系统模型

(1)信源编码与信源译码:一是提高信息传输的有效性,降低信号传输所需的带宽,即通过某种数据压缩技术设法减少码元数目和降低码元速率;二是完成模/数(A/D)转换,即当信息源给出的是模拟信号时,信源编码器将其转换成数字信号,以实现模拟信号的数字化传输,而信源译码是信源编码的逆过程。

(2)加密与解密:为了保证所传信息的安全,人为地将被传输的数字序列扰乱,即加上密码,这种处理过程称为加密。在接收端利用与发送端相同的密码复制品对接收到的数字序列进行解密,恢复出原来的信息。

(3)信道编码与信道译码:在信道传输时,数字信号会受到噪声影响而引起差错。为了减小差错,信道编码器对传输的信息码元按一定的规则加入保护成分(监督元),组成所谓"抗干扰编码",增强数字信号的抗干扰能力。接收端的信道译码器按相应的逆规则进行解码,从中发现错误或纠正错误,提高系统的可靠性。

(4)数字调制与数字解调:由于数字基带信号通常具有较低的频率成分,不适合直接在无线信道中进行传输。数字调制是把数字基带信号的频谱搬移到高频处,形成适合在信道中传输的信号。经过调制以后的信号称为已调信号,它具有两个基本特征:一是携带信息;二是适应在信道中传输。由于已调信号的频谱通常具有带通形式,因而已调信号又称为带通信号(也称为频带信号)。基本的数字调制方式有振幅键控、频移键控、移相键控等,在接收端可以采用相干解调或非相干解调还原数字基带信号,对高斯噪声下的信号检测一般用相关器或匹配滤波器来实现。

(5)同步:使发送端与接收端的信号在时间上保持步调一致,从而保证数字通信系统有序、正确、可靠地工作。按照同步的作用不同,分为载波同步、位同步、群(帧)同步和网同步。

2. 数字通信系统的优缺点

由于数字信号的状态有限,一般很容易从噪声中恢复出来。数字通信系统已成为当代通信系统的主流方向。

1)数字通信系统的优点

(1)抗干扰能力强,且噪声不积累。特别是长距离传输中借助中继转发所获得的再生信号可以使信号质量不受距离的限制。

(2)传输差错控制。实施更多的传输可靠性措施,实现信号传输的差错可控。

(3)便于信号的处理、变换、存储。

(4)便于将来自不同信源的信号综合到一起传输。

(5)易于集成,使通信设备微型化,重量轻。

(6)易于压缩与加密处理,且保密性好。

2)数字通信系统的缺点

(1)需要较大的带宽,一路数字电话的带宽一般要占据 20~60 kHz 的带宽。

(2)对同步要求高,要准确地恢复信号,必须要求接收端和发送端保持严格同步。

3. 射频识别通信系统

射频识别通信系统的模型主要由信息编码、调制器、信道、解调器和信息译码组成。在射频识别通信系统中,读写器和电子标签之间的数据传输方式与基本的数字通信系统结构类似。射频识别通信系统的模型如图 2-3 所示。

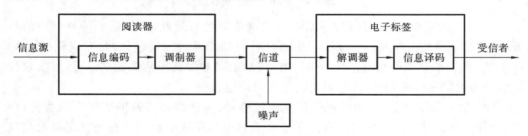

图 2-3　射频识别通信系统的模型

(1)信息编码:对要传输的信息进行编码,以便传输信号能够尽可能最佳地与信道相匹配,防止信息干扰或发生碰撞。

(2)调制器:用于改变高频载波信号,使载波信号的振幅、频率或相位与调制的基带信号相关。

(3)射频识别通信系统的信道的传输介质为磁场和电磁波。

(4)解调器:用于解调获取信号,以便再生基带信号。

(5)信息译码:对从解调器传来的基带信号进行译码,恢复出原来的信息,并识别和纠正传输错误。

2.1.3 数字通信系统的主要性能指标

在设计和评价一个通信系统时,需要建立一套能反映系统各方面性能的指标体系,通信系统的性能指标涉及其有效性、可靠性、适应性、经济性、标准性和可维护性等。尽管不同的通信业务对系统性能的要求不尽相同,但从研究信息传输的角度来说,通信的有效性和可靠性是主要的矛盾所在。

有效性是指传输一定的信息量所占用的信道资源(带宽或时间);可靠性是指信息的传输质量(接收信息的准确程度)。这两个问题相互矛盾又相对统一,通常可以进行互换。

1. 数字通信系统的有效性

物联网的信息是以数字来表示的,通信方式是典型的数字通信。数字通信系统的有效性可以用码元传输速率、信息传输速率和频带利用率三项指标来衡量。

1)码元传输速率

码元传输速率 R_B 又称为码元速率、传码率。它是指每秒传送的码元数目,单位为波特(Baud),简记为 B。这是衡量数字通信系统有效性的重要指标之一。例如,某数字通信系统每秒传送 1000 个码元,则该系统的传码率为 1000 B。数字信号的进制有二进制和多进制之分,但码元传输速率与信号的进制无关,只与码元持续的时间(码元宽度)有关。若每个码元宽度为 T_s(单位为 s),则

$$R_B = \frac{1}{T_s} \tag{2-1}$$

2)信息传输速率

信息传输速率 R_b 又称为信息速率、比特率、传信率。它是指单位时间内所传输信息量的大小,单位为比特/秒(bit/s),简记为 b/s 或 bps。例如,某数字通信系统的信息速率为 2400 b/s,其含义是每秒可传送 2400 b 的信息量。对某数字通信系统而言,信息速率越高,则有效性越好。在二进制码元传输系统中,若"0""1"等概率出现,每个码元含有 1 b 的信息量,所以二进制数字信号的码元速率和信息速率在数值上是相同的。在码元速率不变的前提下,要提高信息速率,可采用多进制传输。对于等概率的 M 进制信号,由于每个码元携带 $\log_2 M$ b 的信息量,因此其信息速率和码元速率有如下关系式:

$$R_b = R_B \log_2 M \tag{2-2}$$

由于信息量与进制有关,所以信息速率也与进制有关,并且信息速率和码元速率之间可以互相转换。

3)频带利用率

在比较不同数字通信系统的有效性时,往往不能单看其传输速率,还应考虑所占用的频带宽度,因为两个传输速率相等的系统其传输效率并不一定相同,所以真正衡量数字通信系统的有效性指标是频带利用率,它的定义为单位带宽内的传输速率,即

$$\eta = \frac{R_B}{B} \tag{2-3}$$

或

$$\eta_b = \frac{R_b}{B} \tag{2-4}$$

2．数字通信系统的可靠性

数字通信系统的可靠性可用差错率来衡量。差错率是衡量数字通信系统传输信息可靠程度的重要性能指标。通常有两种表示方法，即误码率 P_e 和误信率 P_b。

（1）误码率 P_e 又称为误符号率，是指接收的差错码元数在传输的总码元数中所占的比例，即

$$P_e = \frac{接收的差错码元数}{传输的总码元数} \tag{2-5}$$

（2）误信率 P_b 又称为误比特率，是指接收的差错比特数在传输的总比特数中所占的比例，即

$$P_b = \frac{接收的差错比特数}{传输的总比特数} \tag{2-6}$$

（3）误码率 P_e 和误信率 P_b 的关系：若二进制，则 $P_b = P_e$；若 M 进制，则 $P_b < P_e$。

2.2　物联网通信中的编码技术

为了提高数字通信系统的有效性和可靠性，需要对数字基带信号进行编码。编码技术主要包括信源编码技术和信道编码技术两大类。本节首先介绍数字基带信号的码型和波形；再介绍 RFID 系统中常用的曼彻斯特码、密勒码和修正密勒码等信源编码技术；最后介绍物联网通信中常用的分组码、卷积码、咬尾卷积码（Tail Biting Convolutional Coding，TBCC）和 Turbo 码等信道编码技术。

2.2.1　数字基带信号的码型和波形

1．单极性不归零码

单极性不归零码是一种最简单而且最常用的码型，其特点是用高电平和零电平分别表示二进制码元"1"和"0"，这种码型极性单一、具有直流成分，适合短距离传输。很多终端设备输出的都是单极性码，这是因为一般终端设备都需要接地，所以输出单极性码最为方便。单极性不归零码在整个码元持续时间内用一个固定电平表示信息，故称为单极性不归零码，波形如图 2-4(a)所示。

2．双极性不归零码

双极性不归零码的特点是用高电平表示"1"，用低电平表示"0"。当"0"和"1"出现的概率相等时，没有直流，可以传输较远的距离。因为双极性不归零码还是不归零码，所以它在整个码元持续时间内还是用一个固定电平表示信息，波形如图 2-4(b)所示。

3．单极性归零码

单极性归零码的特点是脉冲持续时间小于码元宽度，即在小于码元宽度的间隔内电平回到零值，所以称为单极性归零码。单极性归零码码元间隔明显，有利于提取同步信号，波形如图 2-4(c)所示。

4．双极性归零码

双极性归零码的特点是用持续时间小于码元宽度的正脉冲表示"1"，用持续时间小于码元宽度的负脉冲表示"0"，波形如图 2-4(d)所示。

5．差分码

差分码的特点是采用相邻码元电平变化表示"1"，相邻码元电平不变表示"0"。由于差分码是以相邻脉冲电平的相对变化来表示代码，因此它称为相对码，而相应地称前四种单极性或双极性码为绝对码，波形如图 2-4(f)所示。

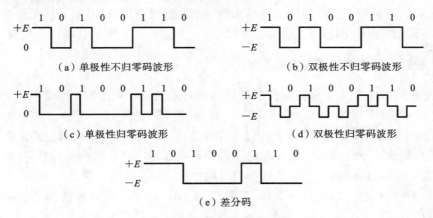

（a）单极性不归零码波形　　　　　　　（b）双极性不归零码波形

（c）单极性归零码波形　　　　　　　　（d）双极性归零码波形

（e）差分码

图 2-4　几种基本的数字基带信号码型

2.2.2　物联网通信中的信源编码技术

信源编码技术是一种以提高通信有效性为目的而对信源符号进行变换的技术。具体地说，就是针对信源输出符号序列的统计特性来寻找某种方法，把信源输出符号序列变换为最短的码字序列，使码字序列的各码元所载荷的平均信息量最大，同时又能保证无失真地恢复原来的符号序列。

在 RFID 系统中，为使阅读器在读取数据时能很好地解决同步的问题，往往不直接使用数据的不归零码（其波形见图 2-5(a)）对射频进行调制，而是将数据的不归零码编码变换后再对射频进行调制。RFID 系统所采用的信源编码主要有曼彻斯特码、密勒码和修正密勒码等。

1．曼彻斯特码

曼彻斯特码又称为分相编码。在曼彻斯特码中，每一位的中间有一跳变，位中间的跳变既可作为时钟信号，又可作为数据信号；从高到低的跳变表示"1"，从低到高的跳变表示"0"。数据"1"用"10"编码，数据"0"用"01"编码，波形如图 2-5(b)所示。

2．密勒码

密勒码又称为延迟调制码，其编码规则是：信码"1"用码元周期中电平出现的跳变来表示，即用"10"或"01"表示；信号"0"则分两种情况，当出现单个"0"时，在码元周期内不出现电平跳变；当出现连续的"0"时，在前一个"0"结束（后一个"0"开始）时刻出现电平跳变，即"00"或"11"交替，波形如图 2-5(c)所示。

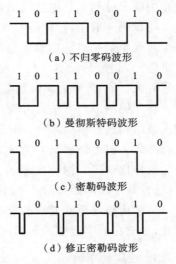

（a）不归零波形

（b）曼彻斯特码波形

（c）密勒码波形

（d）修正密勒码波形

图 2-5　密勒码和修正密勒码

3. 修正密勒码

修正密勒码是 ISO14443A 规定使用的数据编码,其编码规则是:数据中间有窄脉冲表示"1",数据中间没有窄脉冲表示"0",当有连续的"0"时,从第二个"0"开始在数据的起始部分增加一个窄脉冲。该标准还规定起始位开始处也有一个窄脉冲,而结束位用"0"表示。如果两个连续的位的开始和中间部分都没有窄脉冲,则表示无信息。修正密勒码波形如图 2-5(d)所示。

2.2.3 物联网通信中的信道编码技术

信道编码技术是为了保证通信系统传输的可靠性、克服信道中的噪声和干扰而专门设计的一类抗干扰的技术。数字信号在信道传输时会受到噪声等因素影响引起差错,为了减少差错,发送端的信道编码器对传输的信号码元按一定的规则加入保护成分(监督元),组成抗干扰编码。接收端的信道译码器按相应的逆规则进行解码,从而发现错误或纠正错误,以提高通信系统传输的可靠性。

信道编码种类繁多,包括分组码、卷积码、Turbo 码等。窄带物联网系统中多采用咬尾卷积码和 Turbo 码。

1. 分组码

将信源的信息序列分成独立的块进行处理和编码,称为分组码。编码时将每 k 个信息位分为一组进行独立处理,变换成长度为 $n(n>k)$ 的二进制码组。

分组码一般用符号 (n,k) 表示,其中 n 是码组的总位数,又称为码组的长度(码长),k 是码组中信息码元的数目,$n-k=r$ 为码组中的监督码元数目。在分组码中,将码组中"1"的数目称为码组的重量,简称码重。把两个码组中对应位上数字不同的位数称为码组的距离,简称码距。

2. 卷积码

卷积码是一种性能比分组码更好的编码方式。它与分组码不同的是,编码时本组的校验码元不仅与本组的信息码元有关,而且与之前各组的信息码元有关,这样在编码过程中能充分利用各组之间的相关性,从而取得良好的编码性能。

卷积码一般用符号 (n,k,N) 表示,其中 k 为每次输入到卷积编码器的比特数,n 为每个 k 元组码字对应的卷积码输出 n 元组码字。卷积码将 k 元组输入码元编成 n 元组输出码元,监督码元不仅与当前的 k 比特信息段有关,而且还与前面 $m=(N-1)$ 个信息段有关。通常 N 为编码约束度,$n \cdot N$ 称为编码约束长度,k/n 称为编码速率。

卷积码的译码方法可分为代数译码和概率译码两大类。代数译码是利用编码本身的代数结构进行解码,不考虑信道的统计特性。在代数译码中最主要的方法就是大数逻辑译码。概率译码又称为最大似然译码,比较常用的有两种:一种是序列译码,另一种是维特比译码。维特比译码是将接收信号序列与所有可能的发送信号序列进行比较,选择其中汉明距离最小的序列作为当前发送信号序列。

虽然代数译码所要求的设备简单、运算量小,但其译码性能要比概率译码方法差。因此,目前在数字通信的前向纠错中广泛使用的是概率译码方法。

3. 咬尾卷积码

如果按照是否添加尾比特来划分,常用的卷积码可以分为两种类型:一类是归零卷积码,一类是咬尾卷积码。归零卷积码通过在编码块后添加尾比特,使得编码后编码器状态归为零。这种方式的优点是译码性能好、实现简单;缺点是需要传送额外的比特,导致传送效率有所下降。咬尾卷积码编码时不需要添加尾比特,它通过将编码器的移位寄存器的初始值设置为输入流的尾比特值,使得移位寄存器的初始状态和结束状态相同。与普通的卷积码相比,咬尾卷积码的好处是不用增加额外的尾比特,同时又不影响性能,缺点是增加了译码的复杂度和时延。

咬尾卷积码编码器原理框图如图 2-6 所示,该编码器开始工作时要进行特殊的初始化,将输入信息比特的最后 m 个信息比特依次输入咬尾卷积码编码器的寄存器中,当编码结束时,咬尾卷积码编码器的结束状态与初始状态相同。由于这个编码方法没有出现尾比特,因此称为咬尾卷积码。图 2-6 中定义了约束长度为 7、编码率为 1/3 的咬尾卷积码。咬尾卷积码编码器中移位寄存器的初始值对应于输入比特流中的最后 6 个信息比特,编码器的输出 $d_k^{(0)}$、$d_k^{(1)}$、$d_k^{(2)}$ 分别对应一、二、三奇偶比特流,输入一串数据流,输出三串比特流。

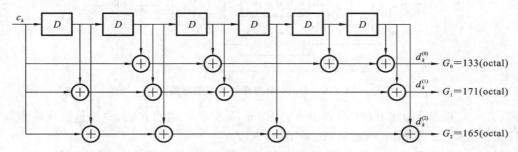

图 2-6 咬尾卷积码编码器原理框图

对于咬尾卷积码,在译码过程中,由于咬尾卷积码编码器的初始状态和结束状态是未知的,因此就需要增加一定的译码复杂度,才能确保好的译码性能。咬尾卷积码的译码方法主要有 Bar-David 算法、最大似然算法、循环维特比算法、环绕维特比算法、双向维特比算法、两步维特比算法和双回溯循环维特比译码算法等。

为了减少 NB-IoT 用户设备译码的复杂度,下行的数据传输使用适合小数据包传输的咬尾卷积码,这种信道编码可进一步简化系统架构及其复杂度,提高系统应对物联网需求的能力。

4. Turbo 码

Turbo 码又称并行级联卷积码,它巧妙地将卷积码和随机交织器结合在一起,在实现随机编码思想的同时,通过随机交织器实现了由短码构造长码的方法,并采用软输出迭代译码来逼近最大似然译码。Turbo 码编码的基本原理是通过随机交织器把两个分量编码器进行并行级联,两个分量编码器分别输出相应的生成序列;经过删余后得到校验位序列,校验位序列与原信息序列复接后得到编码输出。Turbo 码的编码器原理框图如图 2-7 所示。

Turbo 码的译码器原理框图如图 2-8 所示。由图可以看出,这类并行级联卷积码的译码具有反馈式迭代结构,它类似于涡轮机原理,故命名为 Turbo 码。Turbo 码的译码算法主要有两大类:一类基于最大后验概率(Maximum a Posteriori,MAP)的软输出算法,主要包括标准 MAP 算法、对数域上的 Log-MAP 算法和 Max-Log-MAP 算

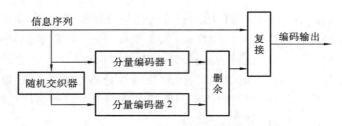

图 2-7 Turbo 码的编码器原理框图

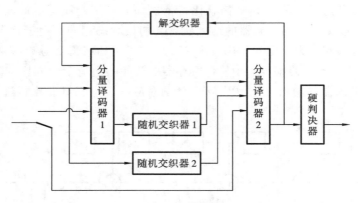

图 2-8 Turbo 码的译码器原理框图

法;另一类基于维特比算法(Viterbi Algorithm,VA)的软输出算法,主要包括软输出维特比算法(Soft Output Viterbi Algorithm,SOVA)。

对于 NB-IoT 上行物理信道,在信道编码方面,上行的数据传输使用 Turbo 码。

2.3 物联网通信中的调制技术

由于数字基带信号通常具有较低的频率成分,不适合直接在无线信道中传输。在数字通信系统中,可以用载波来运载数字基带信号。数字调制就是用数字基带信号对高频载波的幅度、频率或者相位进行控制,使其随着数字基带信号的变化而变化,从而实现数字基带信号转换成数字频带信号。因此,数字调制有数字振幅调制、数字频率调制和数字相位调制三种形式。本节主要介绍物联网系统中常用的振幅键控、移频键控、移相键控和线性调频扩频等。

2.3.1 二进制振幅键控

二进制振幅键控(2ASK)是用二进制数字基带信号控制正弦载波的振幅,使载波振幅随着二进制数字基带信号的变化而变化。由于二进制数字基带信号只有"0""1"两个不同的码元。因此调制后的载波也只有两种状态:无载波输出传送"0",有载波输出传送"1"。2ASK 信号的时域表达式为

$$e_{2ASK}(t) = s(t)\cos(\omega_c t) \tag{2-7}$$

式中,$\cos(\omega_c t)$ 是载波信号;$s(t)$ 是二进制单极性基带信号,可表示为

$$s(t) = \sum_n a_n g(t - nT_s), \quad a_n = \begin{cases} 0, & \text{发送概率为 } p \\ 1, & \text{发送概率为 } 1-p \end{cases} \tag{2-8}$$

式中,T_s 为码元宽度,$g(t)$ 是宽度为 T_s、高度为 1 的门函数。

二进制振幅键控信号的时域波形如图 2-9 所示。

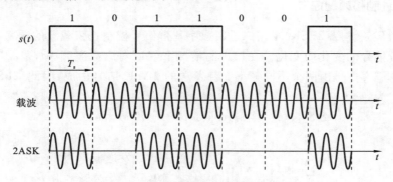

图 2-9　二进制振幅键控信号的时域波形

产生二进制振幅键控信号的方法有两种:一种是模拟相乘法,用基带信号和载波相乘产生已调信号;另一种是数字键控法,也称为通断键控(On-Off Keying,OOK)法,用基带信号来控制开关的通或断,从而进行调制。二进制振幅键控信号产生方法如图 2-10 所示。

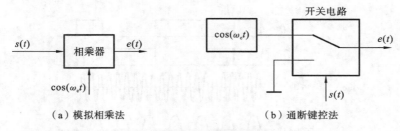

(a) 模拟相乘法　　　　　　　　　　(b) 通断键控法

图 2-10　二进制振幅键控信号产生方法

2ASK 信号有非相干解调(包络检波法)和相干解调(同步检测法)两种方式,其相应的解调原理如图 2-11 所示。图 2-11(a)为 2ASK 信号非相干解调原理框图,图 2-11(b)为 2ASK 信号相干解调原理框图,其中 BPF 为 Band Pass Filter(带通滤波器)的缩写,LPF 为 Low Pass Filter(低通滤波器)的缩写。

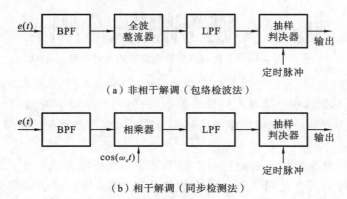

(a) 非相干解调(包络检波法)

(b) 相干解调(同步检测法)

图 2-11　二进制振幅键控信号解调原理框图

目前电感耦合 RFID 系统常采用 ASK 调制方式,如 ISO/IEC14443 及 ISO/

IEC15693 标准均采用 ASK 调制方式。

2.3.2 二进制移频键控

二进制移频键控（2FSK）是用二进制数字基带信号控制正弦载波的频率，使载波频率随着基带信号的变化而变化。在二进制情况下，"1"对应载波频率 f_1，"0"对应载波频率 f_2。2FSK 信号由两个不同频率交替发送的 2ASK 信号构成，因此，2FSK 信号的时域表达式为

$$e_{2\text{FSK}}(t) = s_1(t)\cos(\omega_1 t) + s_2(t)\cos(\omega_2 t) \tag{2-9}$$

式中

$$s_1(t) = \sum_n a_n g(t - nT_s), \quad a_n = \begin{cases} 1, & \text{发送概率为 } 1-p \\ 0, & \text{发送概率为 } p \end{cases} \tag{2-10}$$

$$s_2(t) = \sum_n \overline{a}_n g(t - nT_s), \quad \overline{a_n} = \begin{cases} 1, & \text{发送概率为 } p \\ 0, & \text{发送概率为 } 1-p \end{cases} \tag{2-11}$$

二进制移频键控信号的时域波形如图 2-12 所示。图 2-12 中，波形（g）由波形（e）和波形（f）叠加而成，因此，一个 2FSK 信号可以看成是两个不同载频的 2ASK 信号的叠加。

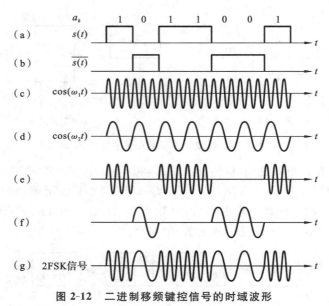

图 2-12　二进制移频键控信号的时域波形

二进制移频键控信号的产生通常有两种方式：一种是模拟调频法，用基带信号调制一个调频器，使其能够输出两种不同频率的信号；另一种是频率选择法，用基带信号控制开关电路来选择两个独立频率源的信号作为输出。二进制移频键控信号产生方法如图 2-13 所示。

二进制移频键控信号的解调也有非相干解调和相干解调两种方式。由于二进制移频键控信号可以看作是两个频率源交替传输得到的，所以二进制移频键控解调器是由两个并联的二进制移频键控解调器组成。二进制移频键控信号解调原理框图如图 2-14 所示。

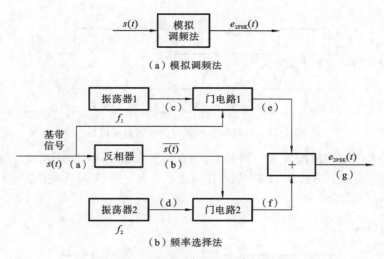

（a）模拟调频法

（b）频率选择法

图 2-13　二进制移频键控信号产生方法

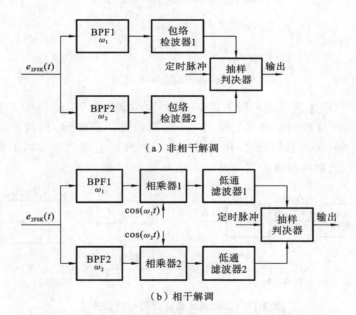

（a）非相干解调

（b）相干解调

图 2-14　二进制移频键控信号解调原理框图

2.3.3　二进制移相键控

二进制移相键控（2PSK）是用二进制数字基带信号控制载波的两个相位，这两个相位通常相隔 π，用初始相位 0 和 π 分别表示二进制"0"和"1"，也称为 BPSK。二进制移相键控信号的时域表达式为

$$e_{2\text{PSK}}(t) = s(t)\cos(\omega_c t) \tag{2-12}$$

式中，$s(t)$ 是二进制双极性基带信号，可表示为

$$s(t) = \sum_n a_n g(t - nT_s), \quad a_n = \begin{cases} 1, & \text{发送概率为 } p \\ -1, & \text{发送概率为 } 1-p \end{cases} \tag{2-13}$$

二进制移相键控信号的时域波形如图 2-15 所示。

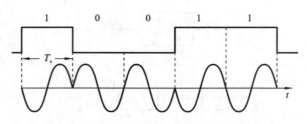

图 2-15 二进制移相键控信号的时域波形

2PSK 信号矢量相位配置常用两种方式：A 方式如图 2-16(a)所示，B 方式如图2-16(b)所示。A 方式和 B 方式的 2PSK 信号在原理上没有差别，只是实现的方法稍有不同。

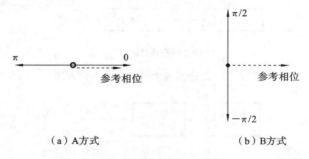

（a）A方式   （b）B方式

图 2-16 2PSK 信号矢量图

2PSK 信号的产生通常有两种方式：一种是模拟调制法，基带信号二进制数字序列先经码型变换由单极性码变换成幅度为±1 的双极性不归零码，再与载波相乘后产生 2PSK 信号；另一种是相移键控法，用基带信号控制开关电路来选择两个相位独立的信号作为输出。二进制移相键控信号产生方法如图 2-17 所示。

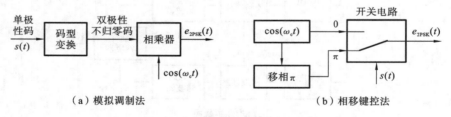

（a）模拟调制法   （b）相移键控法

图 2-17 二进制移相键控信号产生方法

二进制移相键控信号的解调只有相干解调这一种解调方式，其相应的原理框图如图 2-18 所示。

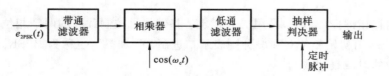

图 2-18 二进制移相键控信号解调原理框图

2.3.4 四进制移相键控

多进制数字相位调制（MPSK）又称为多相调制，是二进制相位调制的推广。它是利用载波的多种不同相位来表征数字信息的调制方式。

在多进制数字相位调制中,是以载波相位的 M 种不同取值分别表示数字信息的。因此,多进制数字相位调制信号可以表示为

$$e_{\text{MPSK}}(t) = \sum_n g(t - nT_s)\cos(\omega_c t + \varphi_n) \qquad (2\text{-}14)$$

在 MPSK 中,当 $M=4$ 时,即为 4PSK,又称 QPSK。QPSK 利用载波的四种不同相位来表示数字信息。每个四进制码元用两个二进制码元的组合来表示。其中,前一比特用 a 表示,后一比特用 b 表示,则双比特码元与载波相位的关系,即 QPSK 编码规则如表 2-1 所示,QPSK 信号矢量图如图 2-19 所示。

表 2-1   QPSK 编码规则

双比特码元		载波相位 φ_n	
a	b	A 方式	B 方式
0	0	90°	135°
0	1	0°	45°
1	1	270°	315°
1	0	180°	225°

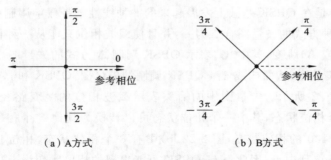

（a）A方式   （b）B方式

图 2-19   QPSK 信号矢量图

QPSK 调制原理框图如图 2-20 所示,输入码元宽度为 T_s 的二进制数字基带信号,先经串/并变换变成码元宽度为 $2T_s$ 的 a、b 两路序列,再经单/双极性变换产生双极性二电平 $I(t)$ 和 $Q(t)$,然后分别对两个正交的载波进行调制,最后相加即可得到输出信号 QPSK。

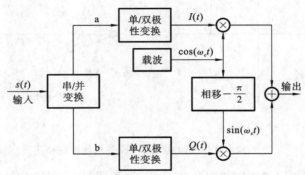

图 2-20   QPSK 调制原理框图

QPSK 信号可以看成两个载波正交的 2PSK 信号的合成,因此,QPSK 信号的解调可以采用与 2PSK 信号类似的解调方法进行解调,其解调原理框图如图 2-21 所示。同相支路和正交支路分别采用相干解调方式解调,得到 $I(t)$ 和 $Q(t)$,再经抽样判决器判决和并/串变换后,将上下支路获得的并行数据恢复成串行数据。

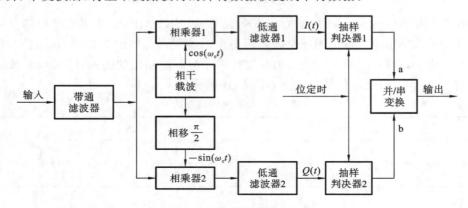

图 2-21　QPSK 解调原理框图

2.3.5　改进的移相键控

$\pi/4$ QPSK 是在 QPSK 基础上发展起来的一种线性窄带数字调制技术。将 QPSK 调制的 A、B 两种方式的矢量图合二为一,并且使载波相位只能从一种模式(A 或 B)向另一种模式(B 或 A)跳变,其中"●"表示 QPSK 调制 A 方式的矢量图,"○"表示 QPSK 调制 B 方式的矢量图,从而构成 $\pi/4$ QPSK 调制的矢量图,QPSK 和 $\pi/4$ QPSK 矢量状态转换图如图 2-22 所示。矢量图中的箭头表示载波相位的跳变路径,图 2-22(a)中 QPSK 共有 4 个相位状态,其中一个相位状态可以转换为其他 3 个相位状态中的任意一个,因而存在 180°的相位跳变;图 2-22(b)中有 8 个相位状态,相位状态转换只能由白点到黑点或黑点到白点,因此,$\pi/4$ QPSK 可能出现的相位跳变为±45°和±135°四种状态,不存在 180°相位跳变。与 QPSK 相比,$\pi/4$ QPSK 有较小的包络起伏,具有更好的频谱特性。

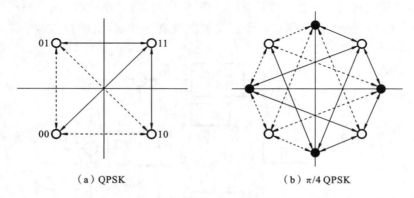

（a）QPSK　　　　　　　　　　（b）$\pi/4$ QPSK

图 2-22　QPSK 和 $\pi/4$ QPSK 矢量状态转换图

$\pi/4$ QPSK 调制原理框图如图 2-23 所示,这种调制方式是在 QPSK 调制系统的基础上,增加了一个差分相位编码模块。调制信号经过串/并变换、差分相位编码,再分别对两个正交的载波进行调制,最后相加就可得到已调信号。

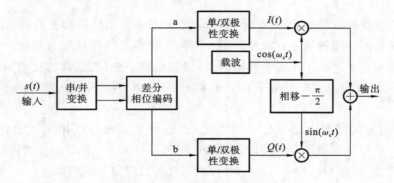

图 2-23　π/4 QPSK 调制原理框图

同理,将 BPSK 调制的 A、B 两种方式的矢量图合二为一,从而构成 π/2 BPSK 调制的矢量图,BPSK 和 π/2 BPSK 矢量状态转换图如图 2-24 所示。π/2 BPSK 可能出现的相位跳变为±90°两种状态。

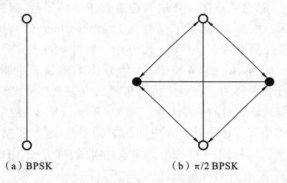

（a）BPSK　　　　　　　（b）π/2 BPSK

图 2-24　BPSK 和 π/2 BPSK 矢量状态转换图

NB-IoT 中下行使用的调制方式为 QPSK,上行使用的调制方式若为多频传输则使用 QPSK,若为单频传输则使用 π/2 BPSK 或 π/4 QPSK。

2.3.6　线性调频扩频

线性调频信号（又称 Chirp 信号）是指持续期间频率连续线性变化的信号,载波频率在脉冲起始与终止时刻的频差为

$$\Delta f = |f_1 - f_2| = B_c \tag{2-15}$$

式中,f_1 为脉冲起始时刻的频率;f_2 为脉冲终止时刻的频率;Δf 为瞬时频率变化范围;B_c 为线性调制后的带宽。

线性调频信号的时间表达式为

$$f(t) = A\cos\left(\omega_c t + \frac{\pi F}{T}t^2 + \varphi_0\right), \quad -\frac{T}{2} \leqslant t \leqslant \frac{T}{2} \tag{2-16}$$

式中,A 为发射信号的幅度;ω_c 为载波中心频率;T 为信号的周期;F 为线性调频斜率;$F = \pm B_c/T$;φ_0 为初始相位。

若 $A=1,\varphi_0=0$，则线性调频信号 $f(t)$ 为

$$f(t)=\cos\left(\omega_c t+\frac{\pi F}{T}t^2\right),\quad -\frac{T}{2}\leqslant t\leqslant \frac{T}{2} \tag{2-17}$$

线性调频扩频（Chirp Spread Spectrum,CSS）技术是用线性调频的 Chirp 信号调制发送信息来达到扩频效果的。线性调频扩频由于抗多普勒频移能力较强，一般应用于雷达和水声通信中。由于不需要时间同步，因此也被一些低速、低功耗的系统所采用。IEEE 802.15.4a 定义了一种基于 CSS 的物理层，LoRaWAN 也是采用基于 CSS 的专用物理层。

Chirp 信号的调制方法可分为两大类：二进制正交键控（Binary Orthogonal Keying,BOK）和直接调制（Direct Modulation,DM）。在 BOK 中，Chirp 信号被用于表示调制后的符号；而在 DM 中，Chirp 信号仅用于扩展已调信号的频谱。

BOK 是利用不同的 Chirp 信号来表示不同的数据，如从低到高的线性频率变化（UP-Chirp）表示 1，从高到低的线性频率变化（DOWN-Chirp）表示 0。由于线性调频扩频的处理增益由信号的时间带宽积（TB）来决定，为了得到良好的增益，TB 应远大于 1，从而导致通信速度不可能太高。UP-Chirp 信号和 DOWN-Chirp 信号具有相同的时间周期 T 和带宽 B。信号在信道中传输时会遇到很多的干扰，因此在接收时要用匹配滤波技术。在接收端，根据 UP-Chirp 信号与 DOWN-Chirp 信号比较好的相关性以及匹配滤波特性，用单位幅度的 UP-Chirp 信号作为脉冲响应与 DOWN-Chirp 信号相结合，进行相干解调。同理，用 DOWN-Chirp 信号作为滤波器的脉冲响应信号与 UP-Chirp 信号结合进行相干解调。在每个传输信号结束时进行抽样判决。

DM 是在其他方式调制后的信号上乘以一个 Chirp 信号，以达到扩频的目的。在这种情况下，Chirp 信号类似于直接序列扩频中的伪随机序列，这种调制方式结构简单、易于实现，而且整个系统可以只用一种 Chirp 信号，接收处理方便。IEEE 802.15.4a 定义的线性调频扩频就是采用了 DM 的方式。

2.4 本章小结

本章针对物联网通信中涉及的相关技术，主要讨论了通信系统的组成、信源编码技术、信道编码技术和调制技术。

通信系统的作用是将信息从一地传送到另一地，其系统模型一般由信息源、发送设备、信道、接收设备和受信者五部分组成。数字通信系统是利用数字信号形式来传递信息的通信系统，主要涉及信源编码、信道编码和数字调制等技术。数字通信系统的主要性能指标是有效性和可靠性，其有效性用码元传输速率、信息传输速率和频带利用率来衡量；可靠性用误码率和误信率来衡量。

数字通信系统中编码技术包括信源编码技术和信道编码技术两大类。RFID 系统主要采用的信源编码有曼彻斯特码、密勒码和修正密勒码等。信道编码主要包括分组码、卷积码、咬尾卷积码和 Turbo 码等。NB-IoT 系统主要采用咬尾卷积码和 Turbo 码等。

数字调制是提高数字信息传输有效性和可靠性的重要手段。数字调制用数字基带

信号去控制正弦载波的某个参数,根据被调参数的不同,分为振幅键控、移频键控和移相键控三种基本方式。RFID 系统主要采用 2ASK、2FSK 和 2PSK 等调制技术;NB-IoT 系统主要采用 BPSK、QPSK、$\pi/2$ BPSK 和 $\pi/4$ QPSK 等调制技术;LoRaWAN 采用基于 CSS 的专用物理层。

习 题 2

一、问答题。

1. 通信系统的一般模型中各组成部分的主要功能是什么?

2. 什么是数字通信? 数字通信有哪些优缺点?

3. 如何衡量数字通信系统的有效性和可靠性?

4. 什么是信源编码? 什么是信道编码?

5. 常见的调制技术有哪些?

二、画图题。

1. 试画出数字通信系统的模型图。

2. 设二进制数字序列为 110100101100,试以矩形脉冲为例,分别画出相应的单极性码不归零码、双极性码不归零码、单极性归零码、双极性归零码和二进制差分码的波形示意图。

3. 设二进制数字信息为 11010101,试分别画出曼彻斯特码、密勒码和修正密勒码的波形示意图。

4. 设发送数字信息为 10011101,试分别画出 2ASK、2FSK 和 2PSK 信号的波形示意图。

5. 设发送数字信息为 101101001101,试按表 2-1 所示的 A 方式和 B 方式编码规则,画出 QPSK 信号波形示意图。

3

短距离无线通信技术

无线通信是指利用电磁波信号在空间传播的特性进行信息交换的一种通信方式，包括固定物体之间的无线通信和移动通信两大部分。一般意义上，只要通信收发双方通过无线电波传输信息，单跳传输距离限制在较短（通常最远为数百米）的范围内，这样的通信方式就可以称为短距离无线通信。短距离无线通信技术主要解决物联网感知层信息采集的无线传输问题，短距离无线通信技术的立足点或是基于速度、距离、耗电量的特殊要求，或是经济可行性比较好。本章将重点介绍蓝牙技术、ZigBee 技术、无线传感器技术、射频识别技术、Z-Wave 技术、超宽带技术、WiFi 技术。

3.1　蓝牙技术

蓝牙技术是一种保障短距离接收可靠性和信息安全性的无线通信技术。蓝牙技术能够在短距离范围内实现各种电子终端的无线通信，从而帮助终端用户方便快捷地收发信息，以此来满足用户对数据高速传输的要求。目前蓝牙 5.0 技术标准是蓝牙技术联盟于 2016 年 6 月发布的新一代蓝牙技术标准，截至目前，已经有越来越多的电子设备支持蓝牙 5.0 技术标准。

3.1.1　蓝牙系统的网络拓扑结构

蓝牙系统采用的是一种灵活无基站的组网方式，从而使得一个蓝牙设备最多可同时与七个其他的蓝牙设备相连接。蓝牙系统的网络拓扑结构有微微网和分布式网络两种形式。

1. 微微网

微微网是采用蓝牙技术设备以特定方式组成的网络，是用来实现蓝牙无线通信的最基本结构。微微网可以是两个相连的设备（如一个平板电脑和一个智能手表），也可以是八个设备连在一起。在一个微微网中，所有设备的级别是相同的，具有相同的权限。微微网由主设备单元（发起链接的设备）和从设备单元构成，包括一个主设备单元和七个从设备单元。主设备单元负责提供时钟同步信号和跳频序列。从设备单元一般是受控同步的设备单元，接受主设备单元的控制。无线键盘、无线鼠标和无线打印机可以充当从设备单元的角色。

2. 分布式网络

分布式网络是由多个独立的非同步的微微网组成的,以特定的方式连接在一起。复合设备单元主要是指一个微微网中的主设备单元,同时也可以作为另一个微微网中的从设备单元。蓝牙这种独特的组网方式也赋予了它无线接入的强大生命力,同时可以容纳七个移动蓝牙用户通过一个网络节点与因特网相连。

3.1.2　蓝牙体系结构

整个蓝牙体系结构可分为底层硬件模块、中间协议层和高端应用层三大部分。

1. 底层硬件模块

链路管理(Link Management,LM)层、基带(Base Band,BB)层和射频(Radio Frequency,RF)层构成了蓝牙的底层硬件模块。LM 层主要负责连接的建立、拆除,以及链路的安全和控制,两个模块接口之间的数据传输必须在蓝牙主机控制器接口(Host Controller Interface,HCI)的解析下才能进行。换而言之,HCI 是蓝牙协议中软硬件系统之间的接口,同时也提供了一个调用下层统一命令的接口。BB 层主要负责跳频和蓝牙数据及信息帧的传输。RF 层主要定义了蓝牙收发器的要求规范,也可以通过 ISM 频段实现数据流的过滤和传输,同时,RF 层还定义了三种功率级别,分别是 1 mW、2.5 mW 和 100 mW。当蓝牙设备的功率为 1 mW 时,其发射范围一般可达 10 m。此外,为了消除干扰和降低衰落,蓝牙在发送过程中还采用了跳频技术。

2. 中间协议层

中间协议层由逻辑链路控制与适配协议(Logical Link Control and Adaptation Protocol,L2CAP)、服务发现协议(Service Discovery Protocol,SDP)、无线电频率通信(Radio Frequency Communication,RFCOMM)协议、电话控制协议(Telephony Control Protocol Spectocol,TCS)组成。L2CAP 主要是向上层提供面向连接和无连接的数据服务,它主要负责数据的拆装、服务质量控制、协议的复用、分组的分割、重组及提取等,同时,L2CAP 也是中间协议层的核心部分。SDP 主要是为上层应用程序提供某种机制来寻找可用的服务,而该服务的属性包括服务的类型、该服务所需的机制或者协议信息。RFCOMM 协议是一个有线链路的无线数据仿真协议,因而,RFCOMM 协议主要在蓝牙基带上为上层业务提供传送功能。TCS 是一个面向比特的协议,它定义了用于蓝牙设备之间建立语音和数据的呼叫控制信令(Call Control Signal,CCS),主要负责处理蓝牙设备组的移动管理过程。

3. 高端应用层

高端应用层位于蓝牙协议栈的最上层部分。一个完整的蓝牙协议栈按其功能又可划分为四层:核心协议层、线缆替换协议层、电话控制协议层、选用协议层。其中,选用协议层中的点到点协议(Point to Point Protocol,PPP)由封装、链路控制协议、网络控制协议组成,主要应用于 LAN 接入、拨号网络及传真等,蓝牙可以采用这些已有的协议去实现设备之间的通信。

3.1.3　蓝牙技术在物联网中的应用场景

不同的蓝牙技术在物联网中的应用效果各有不同,技术特点也存在较大差异。首

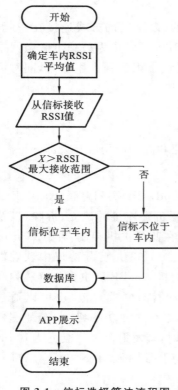

图 3-1　信标选择算法流程图

先,低功耗蓝牙具有成本低、待机能耗超低、多种设备之间的互操作性安全等特点,其次,蓝牙低能耗芯片本身就可以作为传感器设备,因此,低功耗蓝牙可以应用于物联网的感知层。

1. 校车系统应用

在校园中,校车系统通常是帮助学生更方便地回家。以前的校车系统由于缺少远程的实时监控与管理,从而增大危险发生的概率。现在的校车系统与物联网结合得越来越紧密,并逐步融入智慧校园当中,目前研发的校车系统中使用了一个阅读器,该阅读器利用蓝牙的低功耗特性和无线定位传感器来确定车辆的位置,父母可以实时通过手机应用直接查询校车的位置。该系统利用蓝牙低功耗特性与基于规则的专家系统算法相结合来进行身份识别和选择信标节点,用户可以通过手机应用查看校车的实时位置,从而达到远程实时监控的目的。信标选择算法流程图如图 3-1 所示。

接收信号强度指示(Received Signal Strength Indication, RSSI)计算公式为

$$RSSI = 10n\lg d + Txpower \qquad (3-1)$$

式中,n 为环境衰减因子;d 为计算所得的距离;Txpower 为手机发射功率。

2. 车联网

用户可以通过传统蓝牙技术将蓝牙拨号网络接入到网络层,从而将车辆的驾驶信息通过网络传输到交通中心。交通中心将会对这些交通信息的数据进行分析,以帮助车辆规划最佳的行车路程。除此之外,与智能手机融为一体的智能车钥匙也可以通过蓝牙连接来实现自动锁定和解锁检测。

3. 室内导航

蓝牙是一种无线技术标准,可实现固定设备、移动设备和楼宇个人局域网之间的短距离数据交换。因此,常用于大型商场、超市、地下停车场等室内导航应用中。蓝牙室内定位原理如下:首先,蓝牙信标基站不断发送信标广播报文,手机等搭载蓝牙 4.0 模块的终端设备收到信标广播报文,然后测量接收功率,代入到功率衰减与距离关系的函数中,最后测算距离该信标基站的距离。

4. 医疗

在当今社会,医生可以通过蓝牙无线遥控进行设备检查和设定,利用蓝牙低耗能技术对高危人群实行心跳、血压监控,之后将得到的数据进行科学分析,并且提出合理的解决措施,使疾病得到有效控制。根据 2018 年《蓝牙市场最新资讯》的预测:可穿戴设备在未来 5 年的年复合增长率达到 28%,成为互联设备市场发展最快的领域之一,预计到 2022 年,蓝牙可穿戴设备出货量将达到 1.02 亿。蓝牙技术在物联网中的应用场

景如图 3-2 所示。

图 3-2　蓝牙技术在物联网中的应用场景

3.2　ZigBee 技术

　　ZigBee 技术又称为紫蜂技术，它是一种短距离、低复杂度、低功耗、低速率、低成本的双向无线通信技术。ZigBee 一词源自蜜蜂群。当蜜蜂在发现花粉位置时，通过跳 ZigZag 舞蹈来告知同伴，以达到交换信息的目的。人们借此称呼这种专注于低功耗、低成本、低复杂度、低速率的短距离无线通信技术为 ZigBee。

　　ZigBee 所需的功率非常小。在大多数情况下，它的功率仅仅为 1 mW，但是它仍可在室外提供高达 150 m 的传输距离，这主要是通过直接序列扩频（Direct Sequence Spread Spectrum，DSSS）技术实现的，与跳频扩频（Frequency Hopping Spread Spectrum，FHSS）技术相比，DSSS 技术消耗更少的功率。ZigBee 技术适用于 868 MHz（欧洲）、915 MHz（北美和澳大利亚）和 2.4 GHz（全球）ISM 频段，并且分别具有高达 20 Kb/s、40 Kb/s 和 250 Kb/s 的数据速率。这些频段不同于当前普通无线网络的频段，它们之间不会相互干扰。因此，这保证了 ZigBee 系统不会干扰其他无线网络，同时，也保证系统不会受到其他无线网络影响。

　　由于物联网可以远程感知和控制物理对象，因此，无线通信技术也成了组织物联网的重要途径之一。ZigBee 技术是用于创建具有低功率数字无线电的个人局域网的无线通信技术，它的规范定义比其他无线个人局域网（如蓝牙或 WiFi）更简单、更便宜，从而更适合组织短距离和低速率无线数据传输的物联网。正是由于 ZigBee 技术具有低功耗、低成本、结构简单、体积小、安全可靠等显著技术特点。因而，ZigBee 技术也被作为一种良好的无线网络解决方案广泛应用于各个领域。

3.2.1　ZigBee 技术特点

　　当前得到广泛应用的 ZigBee 技术致力于提供一种低复杂度、低成本和低功耗的无线通信技术，ZigBee 联盟最新发布的 ZigBee 3.0 版强化低延迟与低功耗优势，ZigBee 技术能大幅简化各种装置互连设计的复杂度，同时实现让用户以 IP 网络进行远端操控。因而，ZigBee 技术也成为打造智慧家庭的理想技术。这种无线通信技术具有如下特点。

1. 低功耗

在工作模式下，ZigBee 技术传输速率低，传输数据量也比较小，因此收发信号的时间也相对比较短。在非工作模式下，ZigBee 节点处于休眠模式，由于 ZigBee 节点工作时间比较短，收发信号的时间也比较短，且采用了休眠模式，使得 ZigBee 节点非常省电，2 节 5 号干电池可支持 1 个节点工作 6～24 个月，甚至更长时间（蓝牙仅仅可以工作数周，而 WiFi 也只能工作数小时），这也是 ZigBee 技术的突出优势。

2. 低成本

通过大幅简化协议使得 ZigBee 技术的成本很低（不足蓝牙技术的 1/10），这也降低了对通信控制器的要求。

3. 低速率

ZigBee 工作速率一般为 250 Kb/s，满足了低速率传输数据的应用需求。

4. 短距离

ZigBee 传输距离一般在 10～100 m，通过增加 RF 的发射功率，传输距离可增加到 1～3 km，此处距离是指相邻节点间的长度。如果再增加路由器和节点的数目，进行接力传输，ZigBee 传输距离将可以达到更远。

5. 短时延

ZigBee 响应速度较快，一般从睡眠状态转入工作状态只需 15 ms，节点连接进入网络也只需 30 ms（蓝牙却需要 3～10 s，WiFi 最少也需要 3 s）。

6. 高容量

ZigBee 网络采用星形拓扑结构、网状拓扑结构和树形拓扑结构，一个 ZigBee 网络最多包括 255 个 ZigBee 网络节点，其中一个是主控设备，其余则是从属设备。若是通过网络协调器，整个网络可以支持超过 64000 个 ZigBee 网络节点，再加上各个网络协调器，使得整个 ZigBee 网络节点的数目变得十分可观。

7. 高安全

ZigBee 网络提供了三级安全模式（无安全设定、接入控制清单和采用高级加密标准的对称密码）来防止非法获取数据。

8. 免执照频段

ZigBee 技术采用 2.4 GHz ISM 频段。

3.2.2 ZigBee 网络的组成

1. ZigBee 网络的设备类型

在 ZigBee 网络中存在三种逻辑设备类型，按照各自作用设备类型分为协调器节点、路由器节点和终端节点。一个 ZigBee 网络由一个协调器节点、若干个路由器节点和若干个终端节点组成。

1）协调器节点

ZigBee 网络最开始是由协调器节点和局域网 ID 组成，因此，它是网络中的一个设备，同时也是整个 ZigBee 网络的中心，协调器节点的功能包括建立、维持和管理网络等。

2）路由器节点

路由器节点主要负责路由发现、消息传输、允许其他设备加入网络等，一般采用电源进行供电。在通信距离较长时，路由器节点可以起到中继作用。

3）终端节点

终端节点功耗低，它通常负责数据采集或控制功能，如果终端节点加入网络，则必须通过协调器节点或者路由器节点。

2. ZigBee 网络的拓扑结构

ZigBee 网络的拓扑结构分为三种：星形拓扑结构、网状拓扑结构、树形拓扑结构，如图 3-3 所示。

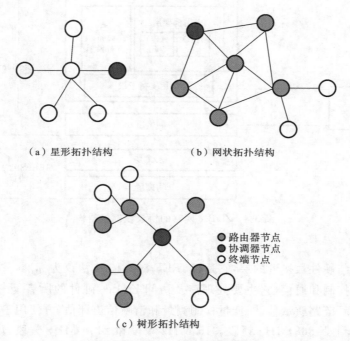

（a）星形拓扑结构 　　（b）网状拓扑结构

●路由器节点
●协调器节点
○终端节点

（c）树形拓扑结构

图 3-3 ZigBee 网络的拓扑结构

1）星形拓扑结构

星形拓扑结构由一个协调器节点和任意数量的终端节点组成。在星形拓扑结构中，ZigBee 网络采用主从网络模型，其中主设备是 ZigBee 协调器节点，从设备是 ZigBee 终端节点。如果两个终端节点之间需要进行通信，必须通过协调器节点进行信息的转发。这种拓扑结构的缺点是节点之间的数据路由只有唯一的路径，因而，协调器节点有可能成为整个网络的瓶颈。星形拓扑结构如图 3-3（a）所示。

2）网状拓扑结构

网状拓扑结构与树形拓扑结构相似。网状拓扑结构具有更加灵活的信息路由规则，路由器节点之间可以进行直接通信，因而，这种路由机制使得信息传输更有效率。假如路由路径出现了问题，该信息也可以自动选择其他路由路径进行传输。网状拓扑结构如图 3-3（b）所示。

3）树形拓扑结构

树形拓扑结构包括一个协调器节点以及一系列的路由器节点和终端节点。协调器节点连接一系列的路由器节点和终端节点,子节点的路由器节点也可以连接一系列的路由器节点和终端节点。这种拓扑结构的缺点是信息传输只有唯一的路由通道,另外,整个的路由过程对应用层也完全透明。树形拓扑结构如图 3-3(c)所示。

3.2.3　ZigBee 网络的协议栈框架结构

ZigBee 网络的协议栈框架结构如图 3-4 所示。由图 3-4 可以看出,IEEE 802.15.4 协议定义了物理层和 MAC 层,而 ZigBee 联盟定义了网络层、应用层的技术规范,每一层都为它的上一层提供特定的服务,即数据服务提供数据传输服务。

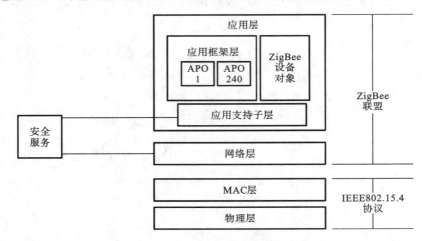

图 3-4　ZigBee 网络的协议栈框架结构

1. 物理层

物理层是与硬件最接近的层,它是以 IEEE 802.15.4 协议为标准,并且直接对无线电收发器进行控制和通信,它主要处理涉及访问 ZigBee 硬件的所有任务,包括硬件初始化、信道选择、链路质量估计、能量检测测量和清晰信道评估,方便用于信道选择。它主要支持三个频段:868 MHz 频段、915 MHz 频段和 2450 MHz 频段,如表 3-1 所示。这三种都采用 DSSS 接入模式。

表 3-1　ZigBee 网络频段

参数/频率	868 MHz	915 MHz	2450 MHz
信道	1	10	16
数据率	20 Kb/s	40 Kb/s	250 Kb/s
适用	欧洲	北美、澳洲	全世界

2. MAC 层

MAC 层提供物理层和网络层之间的接口,它提供了两种服务:MAC 数据服务和 MAC 管理服务。MAC 数据服务能够通过物理层数据服务进行 MAC 协议数据单元 (MAC Protocol Data Unit, MPDU)的传输和接收。MAC 管理服务通过调用管理服务来实现 MAC 层和其上层之间的交互管理命令。MAC 层具有四种不同帧的形式,分别是信标帧、数据帧、确认帧和命令帧。

1）信标帧

MPDU 由 MAC 层的子层产生。在信标网络中,协调器节点向网络中的所有从设备发送信标帧,来保证这些设备能够同协调器节点进行同步工作和同步休眠,从而达到网络功耗最低。信标帧结构如图 3-5 所示。MPDU 由 MAC 层帧头(MAC Header,MHR)、MAC 层服务数据单元(MAC Service Data Unit,MSDU)和 MAC 层帧尾(MAC Footer,MFR)三部分组成。MFR 中包含 16 位帧校验序列(Frame Check Sequence,FCS)。当 MPDU 被发送到物理层(Physical Layer,PHY)时,它便成为物理层服务数据单元(Physical Service Data Unit,PSDU)。如果在 PSDU 前面加上一个物理层帧头便可构成物理层协议数据单元(Physical Protocol Data Unit,PPDU)。

图 3-5 信标帧结构

图 3-5 中,MSDU=超帧域+GTS+未处理数据地址域+信标载荷域

MHR=帧控制域+序列码+寻址信息域

MFR=16 bit FCS

MPDU=MHR+MSDU+MFR

MAC 协议数据单元=MAC 层帧头+MAC 层服务数据单元+MAC 层帧尾

2）数据帧

在 ZigBee 设备之间进行数据传输的时候,应用层生成需要传输的数据,并经过逐层数据处理后发送给 MAC 层,形成 MAC 层服务数据单元,通过添加 MAC 层帧头和帧尾,便形成了完整的 MAC 数据帧。数据帧结构如图 3-6 所示。

图 3-6 数据帧结构

3）确认帧

由 MAC 层的子层发起确认帧,发送设备通常要求接收设备在接收到正确的帧信息后返回一个应答帧,并且向发送设备表示已经正确地接收了相应的信息,从而进一步保证设备之间通信的可靠性。确认帧结构如图 3-7 所示。

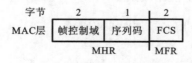

图 3-7 确认帧结构

4）命令帧

MAC 命令帧由 MAC 层的子层发起。在 ZigBee 网络中,为了对设备的工作状态进行控制,MAC 层将根据命令类型生成相应的命令帧。命令帧结构如图 3-8 所示。

图 3-8　命令帧结构

图 3-8 中，MSDU＝命令类型域＋命令净载荷域（数据域）。

同样，MPDU 传到物理层就形成物理层命令帧的净载荷，即 PSDU，在 PSDU 前面加上 SHR 和 PHR 就形成了 PPDU。

3. 网络层

网络层是应用层和 MAC 层之间的接口层，该层负责管理网络的形成和路由选择。ZigBee 协调器节点的网络层负责建立新的网络和三种网络拓扑结构，并同时为网络中的设备分配网络地址。

4. 应用层

应用层是最高的协议层。ZigBee 规范将应用层分为三个不同的子层：应用支持子层（Application Support Sublayer，APS）、ZigBee 设备对象（ZigBee Device Object，ZDO）、应用框架（Application Framework，AF）层。

1）应用支持子层

APS 主要提供 ZigBee 端点接口。APS 有一个间接发送缓冲器（Random Access Memory，RAM），RAM 用来存储间接帧，直到目标接收者请求这些帧为止。APS 安全性包括建立密钥、传输密钥、更新设备、删除设备、请求密钥、交换密钥、实体身份验证和权限配置等服务。

2）ZigBee 设备对象

ZDO 是一个特殊的应用层的端点，它是应用层其他端点与应用子层管理实体交互的中间件。应用程序通过端点可以与 ZigBee 堆栈的其他层进行通信，所有端点都可以使用应用支持子层提供的服务。

3）应用框架层

应用框架层为每个应用对象提供了键值对（Key Value Pair，KVP）服务和报文服务，这两种服务主要供数据传输使用。每个节点除了提供 64 位的 IEEE 地址和 16 位的网络地址，还提供了 8 位的应用层入口地址。每一个应用都对应一个配置文件，配置文件包括设备 ID、事务集群 ID、属性 ID 等。

3.2.4　ZigBee 在物联网中的应用场景

ZigBee 在物联网中的应用场景如图 3-9 所示。

1. 智能家居

将 ZigBee 协调器节点与路由器节点结合，充当为 ZigBee 网关，ZigBee 终端节点通常放置在电灯、开关、电视、窗户、门禁系统等家用电器设备中，另外，通过选择 ZigBee 集成遥控器，可以对所有 ZigBee 电灯、窗户、门禁系统等设备进行无线遥控，方便快捷。除此之外，ZigBee 室外环境监控系统将天气、光线等信息采集并传入电灯、窗户的 ZigBee 终端节点，在适当的时候开关窗户，调节灯光的强弱、亮灭等。

图 3-9　ZigBee 在物联网中的应用场景

2. 智慧交通

利用 ZigBee 构建一个无线监控网络,各设备之间通过无线网连接,大大降低了安装成本,从而实现区域路口信号灯的联动管理。

3. 智能医疗

生命体征监测设备是由加速度计、陀螺仪、磁性传感器、温度计、血压计等各种传感器组成,生命体征监测设备可以实时监测采集心率、呼吸、血压、心电、核心体温、身体姿势、位移等身体特征参数,生命体征监测设备内置 ZigBee 模块,病人数据可实时被记录,最终通过无线传输到终端或者工作站,从而达到远程监控的目的。

4. 智能硬件

在提前设定的监控区域内部署大量的微型传感器,利用短距离无线通信方式组建的一个多跳的、自组织的网络,利用 ZigBee 模块对监控区域进行感知,并采集和处理区域内对象的数据信息,再实时将数据发送给用户终端。

3.3　无线传感器网络技术

无线传感器网络由大量传感器组成,通过无线通信方式形成的一个自组织网络。其目的是协作地感知、采集和处理网络覆盖区域中被感知对象的信息,并发送给观察者。传感器、感知对象和观察者构成无线传感器网络的三个要素。

3.3.1　无线传感器网络的主要应用

1. 定位

确定传感器节点自身位置以及事件发生的位置是无线传感器网络的基本功能之一,定位技术对无线传感器网络的各种应用都有着重要的作用。

2. 时间同步

在无线传感器网络应用中,传感器节点通常需要协调操作共同完成传感任务,因而时间同步技术显得尤为重要。相对于传统的网络时间同步的方法,时间同步技术成本较高且能耗较大,在恶劣的环境下,同步精度也会受到很大影响,因此,研究适合于无线传感器网络的精确、节能的时钟同步算法是目前国内外研究的一个热点方向。

3. 覆盖

在无线传感器网络资源受限的情况下,通过节点部署策略以及路由选择等手段可以使无线传感器网络的各种资源得到优化分配。

4. 网络安全

由于无线传感器网络受能耗、数据处理和通信能力的限制,使得无线传感器网络受到一定的安全威胁,因此,现有的网络安全机制并不适合于无线传感器网络,目前需要开发针对该领域的专门协议。

5. 数据融合

邻近节点报告的信息存在很大的相似性和冗余性,各个节点单独传送数据会浪费通信带宽、缩短网络生存时间、加速节点的能量消耗,而数据融合技术有助于提高数据的准确性和数据的收集效率,因此,数据融合技术也成为无线传感器网络的一项关键技术。

6. 网络协议

网络协议不仅关系到单个节点的能耗,而且直接影响网络的生命周期,所以网络协议也成为无线传感器网络的一项研究热点。

7. 拓扑控制

对于无线传感器网络而言,良好的拓扑结构有利于节省节点的能量,从而延长网络的生存期、提高路由协议和 MAC 协议的效率,所以拓扑控制也是无线传感器网络的核心技术之一。

3.3.2   无线传感器网络在物联网中的应用场景

WSN 在物联网中的应用场景如图 3-10 所示。

图 3-10   WSN 在物联网中的应用场景

1. WSN 与智慧交通

智慧交通系统(Intelligent Transportation System，ITS)是在传统交通体系的基础上发展起来的新兴交通系统，它将信息、通信、控制和计算机技术以及其他现代通信技术综合应用于交通领域，并将"人、车、路、环境"有机地结合在一起。在现有的交通设施中增加无线传感器网络技术，将从根本上缓解困扰现代交通的问题，提高交通工作效率。智慧交通系统主要包括交通信息的采集、交通信息的传输、交通的控制和诱导等方面。无线传感器网络可以为智慧交通系统的信息采集和传输提供一种有效的手段，它可以用来监测路面与路口各个方向的车流量、车速等信息。它主要由信息采集、策略控制、输出执行、各子系统间的数据传输与通信等子系统组成。信息采集子系统主要通过传感器采集车辆和路面信息，然后由策略控制子系统根据设定的目标运用计算方法计算出最佳方案，输出控制信号给输出执行子系统，以引导和控制车辆的通行，从而达到预设的目标。目前，无线传感器网络在智慧交通中还可以用于交通信息发布、电子收费、车速测定、停车管理，以及综合信息服务平台、智能公交与轨道交通、交通诱导系统和综合信息平台等技术领域。

2. WSN 与智能工业

在工业安全方面，无线传感器网络技术可用于危险的工作环境，例如，在煤矿、石油钻井、核电厂，通过布置传感器节点，可以随时监测工作环境的安全状况，为工作人员的安全提供保障。另外，传感器节点还可以代替部分工作人员到危险的环境中执行任务，不仅保障了工作人员的安全，还提高了对险情的反应精度和速度。WSN 部署方便、组网灵活，无线传感器形成局部物联网，实时地交换和获得信息，并最终汇聚到物联网。

3. WSN 与智能家居

无线传感器网络的逐渐普及，促进了信息家电、网络技术的快速发展，家庭网络的主要设备向多种家用电器设备扩展，基于无线传感器网络的智能家居网络控制节点为家庭内部和外部网络的连接及内部网络之间信息家用电器和设备的连接提供了一个基础平台。在家用电器中嵌入传感器节点，通过无线网络与互联网连接在一起，为人们提供更加舒适、方便和人性化的智能家居环境。利用远程监控系统可实现对家用电器的远程遥控，也可以通过图像传感设备随时监控家庭安全情况。利用无线传感器网络还可以建立智能幼儿园，监测儿童的早期教育环境，以及跟踪儿童的活动轨迹。

3.3.3　无线传感器网络面临的挑战

无线传感器网络是由众多节点组成并且采用无线通信方式的网络，与传统网络相比，无线传感器网络的发展受到了如下几方面的限制与挑战。

1. 电源能量有限

无线传感器网络的首要设计目标就是电源能量利用问题，如何高效使用电源能量来最大化网络生命周期是无线传感器网络所面临的首要挑战，也是无线传感器网络与传统网络最重要的区别之一。

2. 通信能力有限

在通信环境和节点有限的情况下，如何设计网络通信机制以满足无线传感器网络的通信需求同样是无线传感器网络面临的又一挑战。

3. 计算和存储能力有限

传感器节点需要完成检测数据的采集和转换、数据的管理和处理、节点控制等任务，如何利用有限的计算和存储能力完成诸多协同任务，成为无线传感器网络设计的一个无法回避的问题。

3.4 射频识别技术

3.4.1 射频识别技术简介

射频识别技术是 20 世纪 80 年代发展起来的一种新兴自动识别技术，主要利用射频信号通过空间耦合（交变磁场或电磁场）来实现无接触的信息传递，并通过所传递的信息达到识别目标的技术。RFID 技术是物联网中非常重要的一项技术，该技术具有多项优点，如穿透性强、安全性高和抗污染能力强等。现阶段 RFID 技术在我国应用领域非常广泛，不仅在交通领域，如火车站、汽车站的行李安检等，还在国家的一些重点产业甚至在涉及军事的一些领域都有应用。我国的研究人员一直对 RFID 技术非常重视，在 RFID 领域内已经有不小的收获。RFID 技术成果也会更进一步促进物联网的发展。

3.4.2 射频识别技术的系统构成

一套完整的 RFID 系统，是由阅读器、应答器及应用软件系统三个部分所组成，其工作原理是阅读器发射特定频率的无线电波能量给应答器，用以驱动应答器的电路将内部的数据传送到阅读器，此时阅读器按顺序接收、解读数据，并传送给应用程序作相应的处理。

3.4.3 射频识别系统的工作原理

RFID 系统分为全双工（Full Duplex）、半双工（Half Duplex）以及时序（Sequence，SEQ）系统。全双工表示射频标签与阅读器之间可在同一时刻互相传送信息。半双工表示射频标签与阅读器之间可以双向传送信息，但在同一时刻只能向一个方向传送信息。

在全双工和半双工系统中，必须采用合适的传输方法把射频标签的信号与阅读器的信号区别开来，因为与阅读器本身的信号相比，射频标签的信号在接收天线上比较微弱。在实践中，人们通常采用负载反射调制技术对阅读器中的数据进行传输，然后利用负载反射调制技术将射频标签数据加载到反射回波上。

时序系统是一种典型的雷达工作系统，其缺点是在阅读器发送间歇时，射频标签的能量供应中断，此时就需要通过装入足够大的辅助电容器或辅助电池来进行补充能量。RFID 系统的一个重要特征是射频标签的供电，无源的射频标签本身没有电源，因此，无源的射频标签工作用的所有能量必须从阅读器发出的电磁场中获得。与此相反，有源的射频标签包含一个电池，它可以为微型芯片的工作提供全部或部分的辅助电池能量。

1. 射频识别系统的资料存储

区分不同类型 RFID 系统的一个重要因素是射频标签是否写入数据。对于简单的 RFID 系统来说,射频标签的数据大多是简单的序列号,这些序列号可在加工芯片时进行集成,但是以后不能再修改。射频标签的数据写入一般分为无线写入与有线写入,而且射频标签的数据量通常在几个字节到几千个字节之间。

2. 射频标签的工作频率

射频标签的工作频率不仅取决于射频识别系统工作原理(电感耦合还是电磁耦合),还取决于识别距离、射频标签、阅读器实现的难易程度和设备的成本。射频标签工作在不同频段具有不同的特点,射频识别应用占据的频段或频点在国际上有公认的划分频段,典型的工作频段有 125 kHz、133 kHz、13.56 MHz、27.12 MHz、433 MHz、902~928 MHz、2.45 GHz、5.8 GHz 等。

1) 低频段射频标签

低频段射频标签简称为低频标签,它主要采用电感耦合方式进行工作,其工作能量通过电感耦合方式从阅读器耦合线圈的辐射近场中获得,其典型工作频率有 125 kHz、133 kHz。当低频标签与阅读器之间传输数据时,低频标签必须位于阅读器天线辐射的近场区内,其阅读距离一般情况下小于 1 m。低频标签的主要优势体现在:标签芯片一般采用普通的互补金属氧化物半导体(Complementary Metal Oxide Semiconductor,CMOS)工艺,具有省电、廉价的特点,而且低频标签的工作频率不受无线电频率管制约束,它可以穿透水、有机组织、木材等物质,因而低频标签非常适合短距离、低速率且数据量要求较少的应用之间的通信,但是凡事都具有两面性,低频标签的劣势主要体现在标签存储数据量较少,只能适用于低速率、短距离识别应用,与高频标签相比,它的标签天线匝数需求更多,因而成本也会更高一些。

2) 中高频段射频标签

中高频段射频标签简称为高频标签,它主要采用电感耦合方式进行工作,它的工作频率范围一般为 3~30 MHz,其典型工作频率为 13.56 MHz。从射频识别应用角度来说,因其工作原理与低频标签完全相同,所以许多专家将其归为低频标签中。从无线电频率的划分角度来说,其工作频段又为高频,所以也称为高频标签。鉴于该频段的射频标签可能是实际应用中数量最多的一种射频标签,因此,为了便于叙述,又称其为中频射频标签。中频射频标签一般采用无源设计,其工作能量同低频标签的一样,也是通过电感(磁)耦合方式从阅读器耦合线圈的辐射近场中获得能量。标签与阅读器进行数据交换时,标签必须位于阅读器天线辐射的近场区内。中频标签的阅读距离一般情况下小于 1 m。中频标签的基本特点与低频标签的相似,由于其工作频率的提高,可以选用较高的数据传输速率。标签一般制成标准卡片形状,其典型应用包括电子车票、电子身份证、电子闭锁防盗(电子遥控门锁控制器)等。

3) 超高频与微波标签

超高频与微波频段的射频标签简称为微波射频标签,其典型工作频率为 433.92 MHz、862 MHz、2.45 GHz、5.8 GHz。微波射频标签可分为有源标签与无源标签两类。工作时,阅读器天线辐射场为无源标签提供射频能量,并且将有源标签唤醒,相应的射频识别系统阅读距离一般大于 1 m,典型情况为 4~6 m,最大可达 10 m 以上。阅读器天线一般为定向天线,只有射频标签位于阅读器天线定向波束范围内才可以被读写。由于阅读距离的增加,应用中有可能在阅读区域中同时出现多个射频标签的情况,因而产生了多标签同时读取的需求,进而解决这种需求也逐渐发展成为一种热门研究方向。目前,先进的射频识别系统都将多标签作为系统的一个重要特征,无源微波射频标签应用都集中在 902~928 MHz 工作频段上,2.45 GHz 和 5.8 GHz 射频识别系统一般以半无源微波射频标签产品面世,半无源微波射频标签采用纽扣电池供电,具有较远的阅读距离。微波射频标签的典型特点主要集中在是否无源、是否支持多标签读写、是否适合高速识别应用等方面,典型的微波射频标签的识读距离为 3~5 m,个别有达 10 m 或 10 m 以上。微波射频标签的数据存储容量一般限定在 2 Kb 以内,再大的存储容量会导致资源的浪费。从技术及应用的角度来说,微波射频标签并不适合作为大量资料的载体,其主要功能在于标识物品并完成无接触的识别,其典型的数据容量有 1 Kb,128 b,64 b 等。微波射频标签的典型应用包括移动车辆识别、电子身份证、仓储物流应用、电子闭锁防盗(电子遥控门锁控制器)等。

3. 射频识别技术的信息安全

在 RFID 系统中,数据存储在标签、阅读器和主机中,通常将安全侵犯分为四类。第一类,标签数据的获取侵犯。当未授权方进入一个授权的阅读器时,标签的数据都易受到攻击。在这种情况下,未授权使用者可以像一个合法的阅读器一样去读取标签上的数据。在可写的标签上,数据可能会被非法使用者修改甚至删除。第二类,标签和阅读器之间的通信接入。数据是通过无线电波在空间中传播,因而,在这个过程中,数据容易受到攻击。第三类,侵犯阅读器内部数据。标签传出的数据,经过阅读器到达主机之前,都会将信息存储在内存中,并用它执行一些功能。在处理的过程中,阅读器功能就像其他计算机一样面临传统的安全侵入问题。第四类,主机系统侵入。标签传出的数据,经过阅读器到达主机后,将面临现存主机系统的侵入。

RFID 数据容易受到攻击,主要是 RFID 芯片本身,以及芯片在读或写数据的过程中很容易被黑客所利用,因此,如何保护存储在 RFID 芯片中数据的安全,是一个必须考虑的问题。

最新的 RFID 标准重新设计了超高频率(Ultra High Frequency,UHF)空中接口协议,该协议用于管理从标签到阅读器的数据的移动,它为芯片中存储的数据提供了一些保护措施。新标准采用"一个安全的链路",保护被动标签免于受到大多数攻击行为。当数据被写入标签时,从标签到阅读器的所有数据都会被伪装,所以当阅读器在从标签中读入或写入数据时,数据不会被截取。一旦数据被写入标签,数据就会被锁定,这样数据就只可以被读取,而不能被改写,这就是我们常说的只读功能。

3.4.4　射频识别技术在物联网中的应用场景

智慧交通被认为是物联网所有应用场景中最有前景的应用之一。而智慧交通是物联网的体现形式,利用先进的 RFID 技术、数据传输技术以及计算机处理技术等,将交通信息集成到交通运输管理体系中,使人、车和路能够紧密地配合,改善交通运输环境、保障交通安全以及提高资源利用率。射频识别技术在物联网中的应用场景主要分为以下六大应用场景。

1. 智能公交车

结合公交车辆的运行特点,智能公交车加入 RFID 技术,形成公交智能调度系统,对线路、车辆进行规划调度,实现智能排班。

2. 车联网

车联网利用先进的传感器技术、控制技术和 RFID 技术实现自动驾驶或智能驾驶,实时监控车辆运行状态,降低交通事故的发生率。

3. 智能停车

智能停车通过安装地磁感应,连接进入停车场的智能手机,利用 RFID 技术,实现停车自动导航、在线查询车位等功能。

4. 汽车电子标识

汽车电子标识采用 RFID 技术,实现对车辆身份的精准识别、车辆信息的动态采集等功能。

5. 充电桩

充电桩通过 RFID 技术与物联网设备相结合,实现充电桩定位、充放电控制、状态监测及统一管理等功能。

6. 高速无感收费

高速无感收费通过 RFID 技术识别车牌信息,根据路径信息进行收费,提高通行效率、缩短车辆等候时间等。

实现物联网的技术有很多,但是目前 RFID 技术是相当重要而且关键的技术。RFID 技术应用范围非常广泛,特别是在交通领域。物联网与 RFID 技术关系紧密,RFID 技术的飞速发展无疑对物联网领域的进步具有重要的意义。

3.5　Z-Wave 技术

Z-Wave 技术是一种新兴的基于射频的、低成本、低功耗、高可靠、适于网络的短距离无线通信技术。Z-Wave 技术是由 Zensys 开发的无线协议技术,工作频带为 868.42 MHz(欧洲)~908.42 MHz(美国),采用 FSK 调制方式,数据传输速率为 9.6 kb/s,信号的有效覆盖范围在室内一般为 30 m,室外可超过 100 m。随着通信距离的增大,设备的复杂度、功耗以及系统成本也都在持续增加。Z-Wave 技术应用于住宅、照明商业控制以及状态读取,如电灯、空调、烹饪、电视和家庭安全。Z-Wave 技术能够以最小的噪声将来自控制单元的短信息可靠地传输到网络中的一个或多个设备。与同类的其他无线技术相比,Z-Wave 技术拥有相对较低的传输频率、相对较远的传输距离和一定的价格优势。

3.5.1　Z-Wave 技术的五大协议

1. 物理层

Z-Wave 技术是一种低速率无线技术,专注于低速率应用,有 9.6 Kb/s 和 40 Kb/s 两种传输速率,前者用于传输控制命令绰绰有余,而后者可以提供更为高级的网络安全机制。它的工作频段灵活,处于 900 MHz(ISM 频段)、868.42 MHz(欧洲)、908.42

MHz(美国),工作在这些频段上的设备也相对较少。现如今,ZigBee 或蓝牙使用的 2.4 GHz 频段正变得日益拥挤,相互之间的干扰也不可避免,因此,Z-Wave 技术更能保证通信的可靠性。Z-Wave 技术的功耗极低,它使用了 FSK 无线通信方式。Z-Wave 技术适用于智能家居网络,该智能家居网络电池供电节点通常保持在睡眠状态,每隔一段时间唤醒一次,监听是否有需要接收的数据,两节普通 7 号电池可以使用长达 10 年时间,这也免去了频繁充电和更换电池的麻烦,从而保证了应用的稳定。

Z-Wave 网络容量为单网络,最多容纳 232 个节点,远低于 ZigBee 网络的 65535 个节点。Z-Wave 节点的典型覆盖范围为室内 30 m 以及室外 100 m,最多支持 4 级路由。Z-Wave 网络在应用的普适性方面差于 ZigBee 网络,不能使用单一技术建立大规模网络,但对于智能家居应用来说,已经足以覆盖到全部范围。通过使用虚拟节点技术,Z-Wave 网络也可以与其他类型的网络进行通信。Z-Wave 系统的复杂性比 ZigBee 系统的小,同时也比蓝牙系统的小,协议简单、要求存储空间小,这些优势也让 Z-Wave 技术应用较为广泛。

2. MAC 层

Z-Wave 的 MAC 层控制无线介质,其数据流采用曼彻斯特码,数据帧包含了前码、帧头、帧数据、帧尾,其中,帧数据是帧传递给传输层的部分,所有数据都通过小端模式传输。MAC 层具有冲突避免机制,目的是为了防止节点在其他节点发送数据时,同时进行数据的传输。冲突避免机制通过以下方法实现:如果该节点处于不传输数据状态,则进入接收模式;如果 MAC 层正处于接收数据状态,则进行延迟传输,从而使冲突避免机制在所有类型的节点上都被激活。当介质正忙时,帧的传输会延迟一个随机的毫秒数。

MAC 层冲突避免机制的核心是载波监听多点接入(Carrier Sense Multiple Access,CSMA),包括载波监听、帧间隔和随机退避机制。每两个节点使用 CSMA 机制的分布接入算法,让各个节点争用信道,从而获取发送权。CSMA/CA 方式采用两次握手机制,即 ACK 机制。在接收方正确地接收帧后,就会立即发送 ACK,当发送方收到 ACK 时就知道该帧已经成功发送。如果介质空闲时间不小于帧间隔时,就进行传输数据,否则将延时传输数据。

CSMA/CA 的基础是载波监听。物理载波监听在物理层完成,通过对天线接收的有效信号进行检测,若探测到这样的有效信号,物理载波监听则认为该信道处于繁忙状态。MAC 载波监听在 MAC 层完成,通过检测 MAC 帧中的持续间域,等到信道空闲时才能发送数据。如果信道繁忙,则执行退避算法,然后再重新检测信道,从而避免共享介质碰撞。碰撞发生的高峰时刻往往是介质结束繁忙状态的时刻,会存在许多节点同时在等待介质。在介质空闲的第一时间,所有节点都会试图发送信息,从而导致数据大量碰撞,所以 CSMA/CA 采用随机退避时间的方法来控制各个节点帧的发送。

3. 传输层

Z-Wave 协议传输层管理两个顺序设备之间的连接,包括重新转换、校验、筛选和帧确认,因此,它必须保证设备之间的交换没有任何误差。Z-Wave 传输层由以下四种基本帧模式组成。

1）单播帧模式

向一个指定的节点发送单播帧,如果目标节点成功收到此帧,将会回复一个 ACK,如果单播帧或者 ACK 丢失或损坏,单播帧将被重发。为了避免与其他系统的碰撞,重发会有一个随机延迟。随机延迟必须与传输最大帧长和接收 ACK 所用的时间一致。单播帧在不需要可靠传输的系统中可以选择关闭应答机制。ACK 是 Z-Wave 单播帧的一种类型,其数据域的长度为零。

2）传输确认帧模式

传输确认帧是一个没有数据的 Z-Wave 单播帧。

3）多播帧模式

多播帧将帧传输给网络中节点 1 到节点 232 中的若干个节点。多播帧目标地址指定了所有的目标节点,而不用向每个节点发送一个独立的帧,所以这种类型的帧不能用在需要可靠传输的系统中,如果需要与多播建立可靠的连接,则它必须在多播帧之后,直接将单播帧发送到每个目标设备。

4）广播帧模式

广播帧将帧传输给网络中所有的节点,任何节点都不对该帧进行应答,由归属区域网络中的所有设备接收,并且没有 ACK。因此,如果需要可靠的连接,那么它必须在广播帧之后直接将单播帧发送到每个目标设备。

4. 路由层

Z-Wave 技术的路由层采用了动态源路由(Dynamic Source Routing,DSR)协议。DSR 协议是一种按需路由协议,它允许节点动态发现到达目标节点的路由、每个数据帧的头部附加到达目标节点之前所需经过的节点列表。传统路由方法采用无线自组网按需平面距离向量路由协议,在分组中只包含下一跳节点和目的节点地址,而 DSR 不需要周期性广播网络拓扑信息,从而避免网络大规模更新,能有效地减少网络带宽开销,节约能量消耗。

Z-Wave 协议中的路由层通过 Z-Wave 网络将帧从单个设备转发到另一个设备,无论是控制器还是从属设备都可以协作转发帧。Z-Wave 网络中的路由层存在两种类型的帧,当帧从节点传输到另一个节点时,接收节点都需要回复一个 ACK,Z-Wave 网络的路由模式如图 3-11 所示,其单播过程如下。

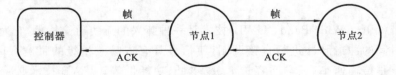

图 3-11　Z-Wave 网络的路由模式

（1）控制器通过节点 1 向节点 2 发送一个帧。

（2）节点 1 接收到帧之后,向控制器发送一个 ACK。

（3）节点 1 转发该帧到节点 2。

（4）节点 2 接收到帧之后,向节点 1 发送一个 ACK。

（5）节点 2 向控制器发送一个端到端的路由 ACK,该帧经过节点 1 中继。

（6）节点 1 接收到 ACK 之后,向节点 2 发送一个帧。

（7）节点 1 转发该帧到控制器。

（8）控制器接收到 ACK 之后，向节点 1 发送一个帧。

5. 应用层

应用层负责 Z-Wave 网络中的译码和指令的执行，主要功能包括曼彻斯特码译码、指令识别、分配 Home ID 和 Node ID、实现网络中控制器的复制，以及对传送和接收帧的有效荷载进行控制等。Z-Wave 技术关注设备的互操作性和厂商开发的方便性，在应用层中引入了相关机制以实现这一点。Z-Wave 应用程序帧格式如图 3-12 所示。

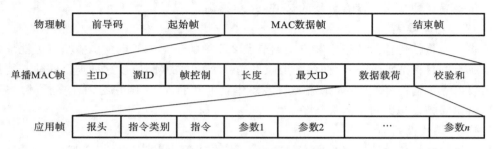

图 3-12 Z-Wave 应用程序帧格式

3.5.2 Z-Wave 技术在物联网中的应用场景

Z-Wave 技术设计之初即定位于智能家居无线控制领域，主攻住宅和商用灯光控制，它可将任何独立的设备转换为智能网络设备，从而实现控制和监测，并且广泛适用于照明控制、安全和气候控制，以及对烟雾探测器、门锁、安全传感器、家电的远程控制，此外，Z-Wave 技术还可以用于智能电表，为家用暖通空调监控提供消耗数据等。

如今，采用 Z-Wave 技术的产品涵盖了灯光照明控制、窗帘控制、能源监测，以及状态读取应用、娱乐影音类的家电控制、防盗及火灾检测等安防控制，基本上包括了家居生活的方方面面。随着无线通信技术、网络技术和人工智能技术的不断发展，人们对家居生活提出更高的要求，Z-Wave 技术在智能家居应用方面也必将迎来新的发展契机。有关 Z-Wave 技术在智能家居的应用将会在第 6 章进行详细介绍。

3.6 超宽带技术

超宽带（Ultra Wide Band，UWB）技术是一种新兴的无线通信技术，它通过对具有极短作用时间的冲击脉冲进行直接调制，使信号具有吉赫兹量级的带宽。UWB 技术的主要特点是传输速率高、空间容量大、成本低、功耗低等。UWB 技术必将成为解决企业、家庭、公共场所等高速因特网接入的需求与越来越拥挤的频率资源分配之间的矛盾的技术手段。

3.6.1 超宽带技术特点

1. 系统结构实现简单

目前，无线通信技术所使用的通信载波是连续的电波，载波的频率和功率在一定范围内变化，从而利用载波的状态变化来传输信息。UWB 技术不需要使用载波，而是通过发送纳秒级脉冲来传输数据信号。

2. 高速的数据传输

民用商品一般要求 UWB 信号的传输范围为 10 m 以内，其传输速率可达 500 Mb/s。UWB 信号是实现个人通信和无线局域网（Wireless Local Area Networks，WLAN）的一种理想调制信号。UWB 技术通过用宽频带宽来换取高速的数据传输，它的优势主要是共享其他无线技术使用的频带，而不单独占用拥挤不堪的频率资源。

3. 功耗低

UWB 系统使用间歇的脉冲来发送数据，脉冲持续时间很短，一般为 0.20~1.5 ns，而且 UWB 系统耗电可以很低。在高速通信时，系统的耗电量仅为几百微瓦至几十毫瓦。

4. 安全性高

作为通信系统的物理层技术，UWB 技术具有天然的安全性能。由于 UWB 信号一般把信号能量弥散在极宽的频带范围内，对一般通信系统，UWB 信号仅仅相当于白噪声信号，并且大多数情况下，UWB 信号的功率谱密度低于自然的电子噪声的，从电子噪声中将脉冲信号检测出来是一件非常困难的事，采用编码对脉冲参数进行伪随机化后，脉冲的检测将更加困难，因而这也提高了 UWB 技术的安全性。

5. 多径分辨能力强

由于常规无线通信的射频信号大多为连续信号或其持续时间远大于多径传播时间，多径传播效应限制了通信质量和数据传输速率，但由于超宽带无线电发射的是单周期脉冲，它的持续时间极短且占空比极低，因此，多径信号在时间上是可分离的。

6. 定位精确

冲击脉冲具有很高的定位精度，采用超宽带无线电通信，很容易将定位与通信结合，而常规无线电很难做到这一点。

7. 工程简单，造价便宜

在工程实现上，UWB 技术比其他无线技术要简单得多，可实现全数字化。它只需要以一种数字方式产生脉冲，并对脉冲产生调制，而这些电路都可以被集成到一个芯片上，设备的成本会相对较低。

3.6.2　超宽带技术市场需求

UWB 技术主要应用在小范围、高分辨率，能够穿透墙壁、地面、身体的雷达和图像系统。除此之外，这种新技术适用于对速率要求非常高（大于 100 Mb/s）的局部局域网或个人局域网。通常在 10 m 以内 UWB 技术可以达到数百兆比特每秒的传输性能。市场中把 UWB 技术看作蓝牙技术的替代者可能更为适合，因为蓝牙技术的传输速率远不及 UWB 技术，另外，蓝牙技术的协议也较为复杂。UWB 技术的相容性、高速率、低成本、低功耗等优点使得 UWB 技术比较适合家庭无线消费市场的需求，尤其适合短距离内高速传送大量多媒体数据，这也让很多商业公司将其看作是一种很有前途的无线通信技术，应用于诸如将视频信号从机顶盒无线传送到数字电视等家庭场合当中。

3.6.3 超宽带技术在物联网中的应用场景

UWB 定位技术为不同行业的室内定位需求贡献了诸多行之有效的位置服务方案,其应用场景如下。

1. 工业

实时追踪资产和库存,改进流程,提高搜索效率,减少资源浪费。

2. 机场

人员、货物、运载机器精准定位,快速找到货物,提高管理效率。

3. 医疗保健

实时跟踪病人,进行照顾和管理,方便人力资源管理。

4. 危险环境

定位个人和资源,紧急搜索安全位置,人员监控,优化管理过程,从而做到安全有效的监控。

5. 重点安保区域

人员的进出管理、实时位置查询、禁区监管、隔离距离控制、人员调度,能对人员路线、距离、速度进行监控和统计。

6. 体育

实时跟踪与计算运动员的方向和速度等,详细的性能分析,记录队伍的比赛,包括控球时间、射门速度、持球速度等,使数据一目了然。

3.7 WiFi 技术

近些年来,随着 4G 智能手机到 5G 智能手机等移动终端的逐步普及,无线网络相应地得到飞速发展,在众多无线技术标准中,无线局域网因为其较低的构建和运营成本、具有较远的传输距离和较高的传输速率等优点获得了人们的青睐。在我国许多大中城市中,咖啡馆、快餐店等服务性营业厅和高校等场所都已经被 WiFi 信号全覆盖。在这些区域当中,用户只需携带支持 WiFi 的终端设备即可接入互联网。

WiFi 技术又称为无线保真技术,传统上人们将 IEEE 802.11 b 协议称为 WiFi,实际上 WiFi 仅仅是无线局域网联盟的一个商标,该商标保障使用该商标的商品相互之间可以进行合作,与标准本身实际上没有关联,后来人们逐渐习惯用 WiFi 来称呼 IEEE 802.11 b 协议。WiFi 是由接入点(Access Point,AP)和无线网卡组成的无线网络,AP 是传统的有线局域网与无线局域网之间的桥梁,因此,任何一台装有无线网卡的计算机均可通过 AP 去分享有线局域网甚至广域网的资源。

WLAN 主要利用 RF 技术,通过使用电磁波来取代旧式的双绞线,在空中进行数据传输,该网络的出现不是取代有线局域网,而是弥补有线局域网不足之处,从而达到网络延伸的目的,该网络使得无线局域网能利用简单的存取架构让用户通过它去使用无网线、无距离限制的通畅网络。因此 WLAN 是一种相当便利的数据传输系统。WiFi 技术是实现 WLAN 的一种技术,WiFi 技术采用的协议都属于 IEEE 802 协议集,它是以 IEEE 802.11 作为其网络层以下的协议。无论是有线网络,还是无线网络,其网络层以上的部分,协议基本都是一致的。WiFi 采用协议的演变过程如图 3-13 所示。

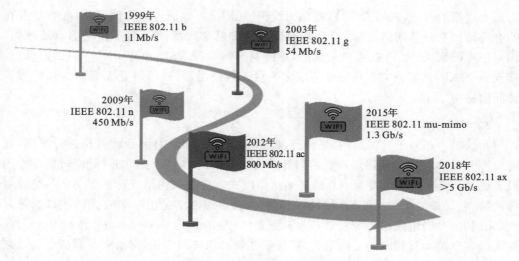

1999年
IEEE 802.11 b
11 Mb/s

2003年
IEEE 802.11 g
54 Mb/s

2009年
IEEE 802.11 n
450 Mb/s

2015年
IEEE 802.11 mu-mimo
1.3 Gb/s

2012年
IEEE 802.11 ac
800 Mb/s

2018年
IEEE 802.11 ax
>5 Gb/s

图 3-13　WiFi 采用协议的演变过程

3.7.1　WiFi 技术的特点

1. 传输距离远

相比于蓝牙技术的覆盖半径,WiFi 技术的覆盖半径可达到几百米。美国曾经做了 WiFi 技术覆盖点对点的测试实验,使用 5.8 G WiFi 链路架设,其传输距离可达到 164 km。

2. 传输速率快

根据无线网卡使用的标准不同,WiFi 技术的传输速度也有所不同。其中,IEEE 802.11 b 的最高传输速率为 11 Mb/s、IEEE 802.11 a 传输速率为 54 Mb/s、IEEE 802.11 g 传输速率为 54 Mb/s,但是 WiFi 技术的传输安全性相对于蓝牙的传输安全性还是略微有些不足。

3. 无须布置线路

WiFi 技术的优势主要在可不受布线条件的限制,所以 WiFi 技术十分适宜移动办公用户的需求,而且具备广阔的市场前景。现如今 WiFi 技术已从库存控制、传统的医疗保健和管理服务等特殊行业向更广泛的行业拓展,目前已经进入教育机构以及家庭等领域。

4. 健康安全

IEEE 802.11 所设定的发射功率一般不超过 100 mW,实际发射功率为 60～70 mW,手机的发射功率为 200 mW～1 W,手持式对讲机高达 5 W,而无线网络使用的方式并不是像手机一样直接接触人体,所以 WiFi 设备相对于其他移动设备,辐射比较低。

3.7.2　WiFi 技术的组网方案

1. WiFi 技术的组网设备

无线网卡及一台 AP 就可以搭建无线网络,用户可以通过该无线网络,配合已存在的有线架构来分享网络资源,而且其架设费用和复杂程度远远低于传统的有线网络。相对于宽带来说,WiFi 技术更显优势,有线宽带网络(ADSL、小区 LAN 等)到户后,连接到一个 AP,然后只需在计算机旁安装一台无线路由器,就可以让大家以共享的方式访问因特网。

2. 常见的组网方案

无线组网相对于有线组网,显得更加灵活、简便。如果对两台计算机进行组网,它可以不需要 AP,直接采用点对点的对等结构。如果对多台计算机进行组网,最好采用以无线 AP 或无线路由器为中心的基础结构模式。自组织网络又称为无 AP 网络或对等网络,它是最简单的无线局域网拓扑结构。自组织网络是由一组有无线接口的计算机(无线客户端)组成的一个独立基本服务集(Independent Basic Service Set,IBSS),这些无线客户端具有相同的工作组名、扩展服务集标识符和密码,网络中任意两个站点之间均可直接通信。

3. 基础的 WiFi 网络结构

现如今,无线取代有线已经成为一个不可逆转的趋势,下面介绍智能家居无线网络的组成元件。

1)站点

站点(Station,STA)是指每一个具有 WiFi 通信功能的且连接到无线网络中的终端设备,如手机、平板电脑、计算机等。

2)接入点

接入点(Access Point,AP)可称为基站,就是人们常描述的 WiFi 热点。当需要从互联网上获取数据,然后在手机上显示时,接入点就相当于一个转发器,AP 将互联网上其他服务器的数据转发给手机。

3)基本服务集

基本服务集(Basic Service Set,BSS)的组成情况有以下两种。

(1)由一个接入点和若干个网站组成。

(2)由若干个(最少两个)网站组成。这样划分的目的主要与 IEEE 802.11 网络类型有关,如果存在接入点,则称为基础结构型基本服务集;如果不存在接入点,则称为独立型基本服务集。

4)服务集识别码

服务集识别码(Service Set Identifier,SSID)是用来区分不同的网络的,最多可以拥有 32 个字符,无线网卡设置不同的 SSID 就可以进入不同的网络,SSID 通常由 AP 或无线路由器广播。简单地说,只有设置为名称相同的 SSID 值的计算机才能互相通信。

5)分布式系统

分布式系统(Distribution System,DS)称为传输系统,它通过基站将多个基本服务集连接起来。当帧传送至分布式系统时,随即会被送至正确的基站,然后经基站转送至目标站点。分布式系统是基站间转送帧的骨干网络,通常称为骨干网络(Backbone Network,BN)。

6)扩展服务集

扩展服务集(Extended Service Set,ESS)是由一个或者多个基本服务集通过分布式系统串联在一起所组成的。通过 ESS,能进一步扩展无线网络的覆盖范围。

7)门桥

门桥的作用就相当于网桥,主要用于无线局域网和有线局域网或者其他网络之间的联系。

3.7.3 WiFi 在物联网中的应用场景

WiFi 是一种无线协议,其目标是通过运营商提供现成的、易于实现的、易于使用的短距离无线连接。串口 WiFi 模块是应用极广泛的一种无线通信模块,其广泛应用于智能家居设备中,主要应用包括无线家电、仪表、智能插座、智能开关、智能网关和智能灯泡等。手机 APP 通过路由器连接内置串口 WiFi 模块,实现不同的功能,如定时、延时、自动报警、通电、断电、USB 充电、网络遥控和电量统计等操作,从而达到节能、省电等效果。

3.8 本章小结

本章主要介绍各类短距离无线通信技术的基本概念、技术特点、应用场景。短距离通信技术主要解决物联网感知层信息采集的无线传输。详细介绍了短距离通信技术,包括蓝牙技术、ZigBee 技术、WSN 技术、RFID 技术、Z-Wave 技术、超宽带技术、WiFi 技术七种短距离无线通信技术的基本概念、主要特点。

习 题 3

一、选择题。

1. ZigBee 这个名字来源于(　　)使用的赖以生存和发展的通信方式。

　A. 狼群　　　　B. 蜂群　　　　C. 鱼群　　　　D. 鸟群

2. ZigBee 具体如下技术特点:低功耗、低成本、(　　)、网络容量大、可靠、安全。

　A. 时延短　　　B. 时延长　　　C. 时延不长不短　D. 没有时延

3. MAC 层帧结构由 MAC 层帧头、(　　)、MAC 层帧组成。

　A. MAC 载荷　　B. 信标帧　　　C. 数据帧　　　D. MAC 命令帧

4. WiFi 技术是当今使用最广泛的一种无线网络传输技术,WiFi 技术利用了(　　)。

　A. 红外线　　　B. 紫外线　　　C. 超声波　　　D. 电磁波

5. 下面(　　)不属于 UWB 技术的特点。

　A. 带宽窄　　　B. 低功耗　　　C. 低成本　　　D. 安全性强

二、填空题。

1. 蓝牙技术使用_____技术,将传输的数据分割成数据包,通过 79 个指定的蓝牙频道分别传输数据包。每个频道的频宽为_____。蓝牙 4.0 使_____间距,可容纳 40 个频道。

2. 蓝牙技术的出现使得短距离无线通信成为可能,但其协议_____、_____和_____等特点不太适用于要求低成本、低功耗的工业控制和家庭网络。

3. RFID 系统通常由_____、_____和_____三部分组成。

4. 从功能上来说,标签一般由_____、_____、_____、_____和_____组成。

5. WLAN 业务网络中_____设备是小型无线基站设备,完成 IEEE 802.11 a 标准的无线接入,是连接有线网络与无线局域网的桥梁。

三、简答题。

1. 简述蓝牙技术采用的主要协议。

2. 简述蓝牙技术的协议体系结构。

3. 简述 ZigBee 网络拓扑结构。

4. 简述 RFID 设备的工作原理。

5. 简述 WiFi 设备常见的几种组网方案。

物联网中的移动通信技术

随着社会的进步和技术的发展,人们的消费水平和对通信方面的需求日益提高。发展到现在,移动通信技术已经迎来了 5G 时代。随着移动通信速率的不断提高,物联网得到了飞速的发展,"万物互联"的时代已经开始进入人们的生活。

通信是物联网技术的一项关键功能,通信为物联网感知的大量信息有效地进行传输提供了可能,没有通信技术的保障,物联网设备也就无法接入到虚拟的数字世界,数字世界与物理硬件之间的融合也就无法实现,移动通信技术构成了物物互联的基础,是物联网从专业领域的应用系统发展成为大规模信息化网络的关键。

物联网具有泛在化特征,要求物联网设备广泛的互联和接入,因此物联网技术需要移动通信技术提供支持。正是由于无线通信技术的发展,使得大量的物和与物相关的设备接入到数字世界,并且使它们能够适应移动性的特点。本章着重介绍移动通信技术与物联网的结合。

4.1 移动通信网络

物联网技术要求终端设备始终连接,用来发送和接收数据,即物联网设备要始终处于通信网络之中。由于移动通信网络具有方便、基础设施可用性强、覆盖范围广、建设成本低、移动性强等特点,因此,移动通信网络成为物联网的主要接入手段之一。

本节主要介绍移动通信的基本原理,简要回顾移动通信的发展历程,并进一步对现有的 CDMA、MIMO、OFDM 等技术进行简要的介绍。

4.1.1 移动通信基本原理

1. 移动通信的特点

信息的无线传输可以追溯到 100 多年以前,1869 年马可尼首次传输了横跨大西洋的无线电信号。起初,无线传输手段主要运用于电报,后来才被广泛运用于广播电台和电视。随着科技的进步和技术的发展,无线传输技术主要用于两种不同的通信:一种主要是移动电话的语音通信,一般被称为移动或蜂窝通信;另一种主要是个人计算机的数据通信,通常被称为无线通信。这两种通信使用完全不同的协议、技术和标准。

移动通信可以让人们更方便、更迅速地进行信息交流,这大大提高了人们工作、学习的效率,随着处理器、存储器、信号处理、通信技术和若干相关技术的进步,移动通信得到进一步的发展与壮大。人们不断增加的需求,也促进了移动通信在技术和理论上的飞速发展。移动通信已经成为当代社会不可或缺的通信手段之一。

与其他通信方式相比,移动通信主要具有以下特点。

1) 电波传播过程复杂

在移动通信过程中,基站和用户之间的通信必须依靠无线电波来传递信息。移动通信系统的工作频率范围为 30~300 MHz 和 300~3000 MHz。该频段具有抗干扰能力强,以直射波、反射波、散射波等方式传播,极易受地形影响等特点。不同地形的传播路径的复杂度都有所不同,传输特性也会因此发生变化。一般用户接收信号是由直射波、反射波和散射波叠加而成的,信号强度的起伏不定会使通信质量发生变化。

2) 用户端易受到干扰

用户端所受的干扰来源于多个方面,主要来源于城市噪声(如车辆噪声等)。除此之外,因为移动通信网络中有多个频段、多个电台同时工作,所以当移动台进行工作时会受到其他移动台的干扰(邻频干扰、同频干扰、互调干扰、多址干扰等),因此,抗干扰措施在移动通信中显得尤为重要。

3) 移动台动态范围大

移动台的位置通常会不断地发生变化,从而导致接收机和发射机的距离也会发生变化,因此导致接收信号的强弱也会发生变化。这就要求移动台接收设备有很大的动态范围。

4) 频谱资源有限

频谱资源是一种特殊并且有限的资源。虽然电磁波频谱很宽,但是能供移动通信用的资源少之又少,国际电信联盟定义 3000 GHz 以下的电磁波频谱为无线电磁波频谱,由于各种原因,国际电信联盟只划分了 9 kHz~400 GHz 的频谱。由于技术等因素限制,商用蜂窝移动通信系统一般工作在 10 GHz 频谱以下,因此,可用的频谱资源极其有限。

5) 对移动设备要求高

移动设备一般处于位置不固定的状态,各种因素对移动设备的影响也不确定,因此移动设备要有很强的适应能力,不仅如此,移动设备还需要有稳定可靠的性能、便携、功耗低等特点。

6) 移动通信设备复杂

移动通信设备在基站覆盖范围内自由移动,不断变更自己的位置,因此,无线信道的稳定性以及选用无线信道进行频率和功率的控制也变得尤为重要。除此之外,移动通信设备的位置信息更新、越区切换等使得移动通信传输信令的种类要比有线通信传输信令的种类复杂得多。

2. 移动通信的发展历程

1) 第一代移动通信系统

在 20 世纪 70 年代中期,第一代移动通信系统得到发展。第一代移动通信系统是模拟蜂窝移动通信系统,相对于之前的通信系统,它最重要的突破是贝尔实验室提出的蜂窝的概念。蜂窝是小区制,它能够实现频分复用。第一代移动通信系统的典型代表是高级移动电话系统和改进后的模拟移动通信系统。第一代移动通信系统是模拟制式,以频分多址技术为基础。第一代移动通信技术的出现,可以说是移动通信技术的一次革命,它的频分复用技术大大地增加了系统的容量、增强了网络的智能化,实现了越区切换和漫游的功能,扩大了用户服务范围。但是第一代移动通信系统的频谱利用率低、业务种类有限、没有数据业务、保密性差、设备成本高以及体积大,因此很快就被淘汰了。

2) 第二代移动通信系统

针对第一代移动通信系统的缺陷,在 20 世纪 80 年代中期,第二代移动通信系统应运而生,第二代移动通信系统是数字移动通信系统,它的典型代表是 GSM 和 IS-95。

GSM 起源于欧洲,它基于时分多址标准而设计,支持 64 Kb/s 的数据传输速率。GSM 使用 900 MHz 的频带,采用频分双工方式,每个载频支持 8 个信道,信号带宽 200 kHz。

IS-95 是北美的一种数字蜂窝标准,使用 800 MHz 的码分多址方式,是美国个人通信服务网络的首选技术。

3) 第三代移动通信系统

第三代移动通信系统是一种可以实现全球无线覆盖的通信系统,不但能够提供多种类型、高质量的多媒体业务,还能够与固定网络兼容,用户终端便携,可以实现在任何时间、任何地点的通信。第三代移动通信系统相比于第二代移动通信系统,主要采用 CDMA 技术和分组交换技术,能够支持更多的用户,可以实现更高的传输速度。第三代移动通信系统的目标可以概括如下。

(1) 实现全球漫游。用户可以在整个系统甚至全球范围内进行漫游,而且还能够在不同的速率以及运动状态下获得有质量保证的服务。

(2) 能够提供多种业务。能够提供语音、数据、视频会话等业务。

(3) 能够适应多种环境。可以综合现有的公众电话交换网、地面移动通信系统、卫星通信系统来提供无线覆盖。

(4) 有足够的系统容量。

4.1.2　宽带移动通信技术

第一代移动通信技术和第二代移动通信技术只能够支持语音和低速率的数据传输,从第三代移动通信技术开始,才能够提供足够的带宽支持和多媒体的业务,本节主要介绍第三代移动通信技术和第四代移动通信技术。第三代移动通信系统是由国际电信联盟在 1985 年提出,该系统的主频段位于 2 GHz 频段,被命名为 IMT-2000。

国际电信联盟最初制定了一个统一的无线接口标准和公共网络标准,3G 标准化分为核心网和无线接口两部分,核心网基于现有的第二代无线通信网络、GSM 移动应用部分和 ANSI-41 核心网来实现。无线接口部分有多个无线接口标准,在 1999 年 11 月最初确定了第三代移动通信技术的无线接口标准,最终被命名为 IMT-2000 无线接口技术规范。该规范包括码分多址和时分多址技术。CDMA 技术是一种主流技术,包括两种频分双工和一种时分双工技术。

在物联网中,使用最新一代的移动通信技术可以实现无处不在的智能无线通信。移动通信网络成为物联网技术中最重要的信息基础设施,为人与人、人与网络、物与物之间的通信提供服务。移动通信网络是物联网产业的一个重要环节,移动运营商也不断推出 3G 行业应用,布局物联网。随着 3G 所带来的移动通信的带宽能力增强,移动网络提供支持的物联网应用前景变得更加广阔,物联网成为移动通信的一个巨大增长点。

下面将对 CDMA 2000 技术、WCDMA 技术、TD-SCDMA 技术、MIMO 技术、OFDM 技术等的网络结构和技术标准进行阐述。

1. CDMA 2000 技术

CDMA 2000 技术是 3G 移动通信的关键技术之一，CDMA 2000 技术是由美国提出的基于 IS-95 CDMA 技术的一种宽带 CDMA 技术，因此，CDMA 2000 系统在同步、帧结构、扩频方式和码片速率等方面都与 IS-95 CDMA 系统有很多类似之处，但为了能够灵活地支持更多的业务，提供可靠的 QoS 和更高的系统容量，CDMA 2000 系统也引入了很多新的技术。

CDMA 2000 系统的基本架构包括空中接口网络、核心网络和外部网络三个部分，如图 4-1 所示。CDMA 2000 系统保留与 IS-95 CDMA 系统相同的无线网络架构、无线网络与新的骨干架构接口，包括分组控制器（Packet Control Function，PCF），分组数据交换节点（Packet Data Serving Node，PDSN），认证、授权和计费中心（AAA），归属代理（HA）和外地代理（FA）等实体。

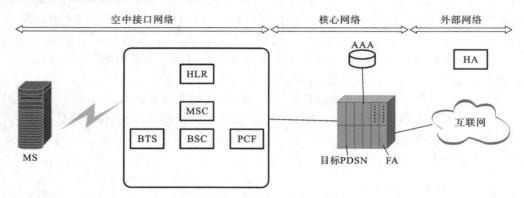

图 4-1　CDMA 2000 系统的基本架构

（1）分组控制器是硬件/软件实体，它能够促使 TCP/IP 分组的形成，并使分组数据能够从无线网络传输到有线网络，反之亦然。PCF 建立并维持与移动站的无线电链路协议连接，它与基站控制器（BSC）的无线电资源控制功能通信以请求和管理无线电资源，以便在 PDSN 之间来回传递数据包。

（2）分组数据交换节点本质上是分组路由器。PDSN 的功能包括建立到移动台（MS）的点对点（PPP）会话。PDSN 被委托为无线网络分配 IP 地址。

（3）认证、授权和计费中心负责协助用户认证，并帮助授权从归属 IP 网络到 PDSN 的认证响应。AAA 还有助于存储 MS 分组数据活动的计费信息。AAA 向家庭 IP 网络提供包括到 PDSN 的 QoS 信息的用户建档。RADIUS 用作服务认证、授权和计费的 AAA 协议。

使用 IETF 标准的 PPP 协议实现 MS 和 PDSN 之间用于发送和接收分组数据的数据链路层通信。一旦在 MS 和 PDSN 之间建立了 PPP 会话，就会根据需要将业务信道资源分配给该连接。

对于分组数据传输，CDMA 2000 通过 PPP 协议接口向网络层协议请求分组数据服务。CDMA 2000 系统支持各种类型的 PPP 协议：因特网协议、Van Jacobson 压缩 TCP/IP、Van Jacobson 未压缩 TCP / IP 和因特网协议控制协议。

CDMA 2000 网络元件的总体功能取决于分组数据传输过程的访问机制的类型。CDMA 2000 中定义了两种分组接入机制模式：一般 IP 和移动 IP。

1）一般 IP

在一般 IP 访问机制中，MS 由它的归属网络的 PDSN 分配 IP 地址。在这种情况下，MS 保留其 IP 地址，当最开始与 MS 建立连接的家庭网络为 MS 服务时，MS 保留为它分配的 IP 地址。

图 4-2 显示了一般 IP 访问机制的网络参考模型。如果 MS 移动到由不同 PDSN 服务的区域，则 MS 建立新的 PPP 链路并获得新的 IP 地址。此方案中的 MS 需要重新初始化 TCP / IP 堆栈才能与新 IP 地址通信。在一般 IP 接入方案的情况下，IP 地址与 PDSN 相关联，因此不能跨 PDSN 边界维持 IP 连接。

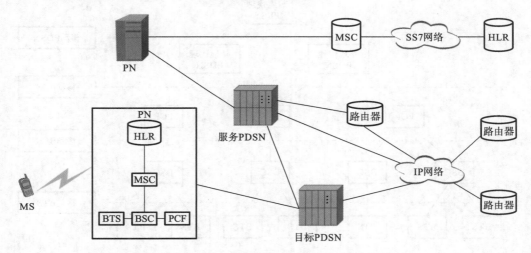

图 4-2　一般 IP 访问机制的网络参考模型

2）移动 IP

移动 IP 是指当 MS 在 PDSN 之间移动时 MS 可以维持 IP 地址连接的服务。对于移动 IP，定义了两个新实体：归属代理和外地代理。驻留在本地运营商网络或专用网络的 HA 提供了向 MS 分配 IP 地址同时将其绑定到某个 PDSN 的 IP 地址的功能。而且每个 PDSN 都托管一个外地代理。当 MS 移动到不同的服务区域时，HA 确保 IP 地址与新 PDSN 的 FA 的绑定。当使用移动 IP 时，IP 地址与 HA 相关联。移动 IP 方案允许 MS 同时激活多个 IP 地址以访问多个家庭网络。

3）流动性管理

CDMA 2000 网络设计的最重要特征之一是移动性管理方案，其允许 MS 具有广泛的分组数据的移动性。下面给出了描述 CDMA 2000 分组数据架构的不同元件之间接口的简化参考模型。

（1）A8：承载基站和 PCF 之间的用户流量。

（2）A9：承载基站和 PCF 之间的信令信息。

（3）A10：承载 PCF 和 PDSN 之间的用户流量。

（4）A11：承载 PCF 和 PDSN 之间的信令信息。

CDMA 2000 分组数据网络拥有四个不同的切换级别，CDMA 2000 系统数据包迁移管理模型如图 4-3 所示。

（1）由 BSC/PCF 控制的单个分组区域中的基站收发器（BTS）之间的切换。硬切换和软切换程序实现了 BTS 之间的移动性。

（2）由单个 PCF 控制的多个 BSC 之间的切换。A8/A9 的 BSC 之间可在相同 PCF 接口下实现移动性。

（3）由单个外地代理 PDSN 控制的多个 PCF 之间的切换。A10/A11 接口支持同一 PDSN 下 PCF 之间的移动性。

（4）利用移动 IP 方案在多个归属代理 PDSN 之间进行切换。上述移动 IP 方案提供了用于 MS 在归属代理 PDSN 之间的移动性的机制。

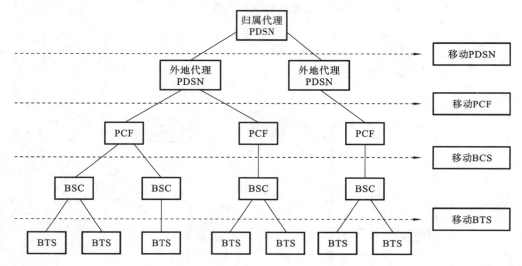

图 4-3　CDMA 2000 系统数据包迁移管理模型

2. WCDMA 技术

WCDMA 系统是一种基于 UMTS 平台在欧洲广泛使用的系统，如图 4-4 显示了 WCDMA 系统拟定方案，并展示了它们与标准机构的关系以及彼此之间的关系。由此可见，基于 CDMA 技术的第三代空中接口标准化方案主要集中在两种主要类型的 WCDMA 方案上：网络异步和网络同步。在网络异步方案中，基站不同步；而在网络同步方案中，基站在几微秒内彼此同步。目前有三种网络异步 CDMA 方案：ETSI 中的 WCDMA、韩国的 ARIB 和 TTA II WCDMA。韩国 TTA I 基于 TR45.5（CDMA 2000）提出了一种网络同步 WCDMA 方案。WCDMA 系统与 CDMA 2000 系统的主要区别在于码片速率、下行信道结构和网络同步。WCDMA 系统采用直接扩频，码片速率为 4.096 Mcps。CDMA2000 系统使用 3.6864 Mcps 的码片速率，分配 5 MHz 的带宽，直接扩频下行链路和 1.2288 Mcps 的多载波下行链路。WCDMA 系统具有异步网络，不同的长码用于小区和用户的分离。码元结构进一步影响码元同步、单元获取和同步切换的执行方式。

所有第三代移动通信系统的理论带宽为 5 MHz。之所以选择这个带宽有以下几

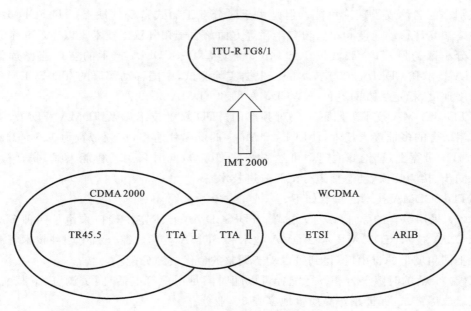

图 4-4　WCDMA 系统拟定方案

个原因：首先，第三代移动通信系统可以在 5 MHz 带宽内达到 144 Kb/s 和 384 Kb/s 的速率，可以提供合理的容量，不仅如此，在特定的条件下，甚至可以提供 2 Mb/s 的峰值速率；其次，频谱资源的匮乏要求更合理地使用现有频谱，特别是如果系统必须部署在已经由第二代系统占用的现有频段内；最后，5 MHz 带宽增加了分集技术，从而提高了性能。为了更有效地支持最高的数据速率，提出了 10 MHz、15 MHz 和 20 MHz 的更大带宽。

3. TD-SCDMA 技术

TD-SCDMA 技术是我国自主研发的技术，它采用了时分多址和时分双工、软件定义无线电、智能天线以及同步 CDMA 技术等技术。

TD-SCDMA 技术在频谱利用率、频率灵活性、业务支持多样性以及建网成本等方面有独特优势。

由于 TD-SCDMA 技术采用时分双工技术，上行和下行信道特性基本一致，因此，基站根据接收信号估计上行和下行信道特性比较容易。此外，TD-SCDMA 技术使用智能天线技术有先天的优势，而智能天线技术具有空分复用接入的优点，可以减少用户间的干扰，从而提高频谱利用率。

TD-SCDMA 技术还具有 TDMA 技术的优点，可以灵活设置上行和下行时隙的比例，从而调整上行和下行的数据速率的比例，特别适合因特网业务中上行数据少而下行数据多的场合。但是这种上行和下行转换点的可变性给同频组网增加了一定的复杂性。

TD-SCDMA 采用时分双工技术，不需要成对的频带，因此，与另外两种频分双工的 3G 标准相比，TD-SCDMA 在频率资源的划分上更加灵活。

由于智能天线和同步 CDMA 技术的采用，TD-SCDMA 技术可以大大简化系统的复杂性，适合采用软件定义无线电技术，因此，它的设备造价会更低，同时，由于其相对其他 3G 系统的带宽更窄，所以扰码出现的时间短，并且扰码少，使得通过扰码在网络侧识别小区名称成了理论可能。但是由于时分双工制式自身的缺点,TD-SCDMA 技术在终端允许移动速度和小区覆盖半径等方面落后于频分双工技术。以通过 9 个频点来区分小区为例,每个载波仅 1.6 Mb/s 带宽,TD-SCDMA 技术的空口速率远低于 CDMA 技术和 CDMA 2000 技术的。根据实际测试,中国移动部署的 TD-SCDMA 网在网络速度、稳定性方面逊色于 WCDMA 网和 CDMA 2000 网。

TD-SCDMA 技术采用不需成对频率的 TDD 双工技术以及 FDMA/TDMA/CD-MA 相结合的多址接入技术,使用 1.28 Mcps 的低码片速率,扩频带宽为 1.6 MHz(在 1.6 MHz 带宽上,理论峰值速率可达到 2.8 Mb/s),同时采用了智能天线、联合检测、上行同步、接力切换、动态信道分配等先进技术。

TD-SCDMA 技术的特点如下。

(1) 采用综合的寻址(多址)方式。TD-SCDMA 技术空中接口采用了四种多址技术:TDMA 技术、CDMA 技术、FDMA 技术和 SDMA 技术。综合利用四种技术资源分配在不同角度上的自由度,得到可以动态调整的最优资源分配。

(2) 灵活的时隙上行和下行配置可以随时满足用户打电话、网页浏览、下载文件、视频播放等需求,保证用户高质量地享受 3G 业务。

(3) 克服呼吸效应和远近效应。呼吸效应是指在 CDMA 系统中,当一个小区的干扰信号很强时,基站的实际有效覆盖面积会缩小;当一个小区的干扰信号很弱时,基站的实际有效覆盖面积就会增大。导致呼吸效应的主要原因是 CDMA 系统是一个自干扰系统,用户增加导致干扰增加而影响覆盖。

4. MIMO 技术

MIMO 技术是一种多输入、多输出技术,它会在收发系统的两端配置多根天线,利用多根天线来抑制信道衰落,通过在发送端和接收端利用多根天线同时发送和接收信号,如果信息传输期间发送以及接收天线之间的冲激响应相互独立,就会形成并行的空间信道。MIMO 技术可以在不增加带宽的情况下成倍地提高通信系统的容量,是无线通信技术的一项重大突破。

MIMO 系统模型如图 4-5 所示,在收发系统的两端,安装了 N_t 根发送天线,N_r 根接收天线,在信息发送之前,将数据流进行空时编码等预处理,构成 N_t 个数据流,可以将处理后的数据流表示为向量 $\boldsymbol{x} = [x_1, x_2, \cdots, x_{N_t}]^T$,其中 $[\ ]^T$ 表示向量的转置,x_i 表示第 i 根天线发送出去的信息,发送天线将 N_t 个数据流发送出去,经过信道 H 之后到达

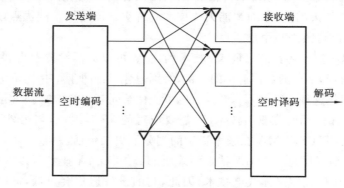

图 4-5 MIMO 系统模型

接收端,经由 N_r 根接收天线接收,形成一个 $N_r \times 1$ 维的向量 $\boldsymbol{y}$,最后经过空时译码,将信号分离出来进行解码,最后形成 MIMO 系统的接收信号。

结合 MIMO 系统模型,可以将接收端的信号表示为

$$\boldsymbol{y} = \boldsymbol{H}\boldsymbol{x} + \boldsymbol{n} \tag{4-1}$$

其中,$\boldsymbol{n}$ 为 $N_r \times 1$ 维的高斯噪声,$\boldsymbol{H}$ 表示维度为 $N_r \times N_t$ 的系统信道模型矩阵,$\boldsymbol{H}$ 可以表示为

$$\boldsymbol{H} = \begin{bmatrix} h_{11} & h_{12} & \cdots & h_{1N_t} \\ h_{21} & h_{22} & \cdots & h_{2N_t} \\ \vdots & \vdots & & \vdots \\ h_{N_r 1} & h_{N_r 2} & \cdots & h_{N_r N_t} \end{bmatrix} \tag{4-2}$$

其中,信道矩阵 $\boldsymbol{H}$ 中的参数 h_{ij} 表示第 j 根发送天线到第 i 根接收天线之间的信道系数。

MIMO 系统可以在不同的天线上传输相对独立的数据流,这类数据流被人们定义为在分离的空间范围内传输的比特流。空分复用技术用不同的天线传输数据流,它能够用多个码字同时进行传输,在发送端,它会将数据流分成很多个子数据流,在不增加带宽以及传输功率的条件下,极大地增加了系统的传输速度。分集技术利用多天线形成的不同路径,重复地将信号进行发送,如此可以极大地降低误码率,确保信号能够更加准确地被接收,增加通信系统的有效性和可靠性。

空分复用技术,简单地说,就是在不同的空间使相同频率的信道得以重复利用。在 MIMO 系统中,数据传输速率的增长在一定程度上与独立数据流的数目存在着一定的关系。根据图 4-5 的系统模型可知,发送的数据流数目必须小于等于发送天线数 N_t,如果使用线性接收,接收数据流的数目必须不大于接收天线数 N_r。由此可知系统容量与 $\min(N_t, N_r)$ 呈正相关。

分集技术能够查找和使用在大自然中独立的多径信号,通过这种技术来实现分集。简要地说,发送信号在这一条无线传输路径中经历了衰落,在另外一条独立的路径中,它的信号的强度稍强,于是它能够在多个相同的信号中选择两个或者更多的信号进行一系列的合并,这就能在一定程度上提高接收端的瞬时信噪比和平均信噪比(一般两者均可提高 20~30 dB)。这个技术的首要目的是缓解无线信道的多径衰落造成的差错性能的下降。在信息传输中,多个统计独立的衰落信道在同一时刻处于深度衰落的概率极小。实现分集技术的主要途径主要有以下几个方面。

(1) 空间分集:也称天线分集,在移动通信过程中,是一种常常被使用的分集方式。简单地说,就是在接收端配置多个天线来接收信号,然后把接收的信号进行合并。在这个制式当中,为了确保接收到的信号不相关,就需要增大天线之间的距离,在理想的情况下,只要接收天线的距离是信号波长 λ 的一半即可。

(2) 角度分集:信号在传输过程中,外界的物理环境会对这个信号产生一定的影响,使得接收到的信号不是来自一个方向,这样,在接收端安装方向性天线就可以将不相关的信号进行合并。

(3) 极化分集:在运动的情况下,因为空间中的水平路径和垂直路径是不相关的,所以发射信号也会有不相关的衰落特性,因此,就必须在接收端安放两种不同类型的天

线,用于接收水平方向信号的水平极化天线和用于接收垂直方向信号的垂直极化天线,使用这两种天线就可以得到两个不相关的信号。

(4) 频率分集:从高等数学方面来说,不相关的两个概率是各自概率的乘积。频率分集是在发送端将一个信号利用两个间隔较大的发送频率同时发送,在接收端同时接收这两个射频信号后对其合成,由于工作频率不同,电磁波之间的相关性极小,各电磁波的衰落概率也不同。这种分集技术比空间分集技术更能够节省天线个数。但分集技术也存在不足的地方,它占用更多的频谱资源,而且与频率分集中采用的接收机个数和频道数相等。

(5) 时间分集:将同一信号相隔一定的时隙进行多次重发,只要各次发送的时间间隔大于信道的相干时间(相干时间的定义:多普勒频展的倒数),则在接收端就可以获得衰落特性相互独立的几个信号。

以上的分集技术各有优点,由于使用途径与要求的不同,每种分集技术都能够被很好地运用。

5. OFDM 技术

正交频分复用(OFDM)技术是一种特殊的多载波调制技术。多载波传输是将数据流分解成多个子数据流,经过这种操作,子数据流就会具有更低的比特速率,使用这种较低的比特速率形成的多状态符号去调制相应的子载波,就形成了多个低速率符号并行传输的系统。在 OFDM 系统中,各个子载波相互正交,经过扩频调制后的频谱能够相互叠加,从而减小子载波的相互干扰并大大地提高频谱利用率。

在 OFDM 系统传输的过程中,还会引入保护间隔,由于保护间隔的引入,当系统中的保护间隔大于最大多径时延扩展时,可以最大限度地消除多径效应带来的符号间干扰。如果保护间隔使用的是循环前缀,那么还能够避免多径效应带来的信道间干扰。在频分复用(FDM)系统中,整个带宽分成 N 个子频带,子频带之间不重叠,为了避免子频带间相互干扰,子频带间通常加保护带宽,但这会使频谱利用率下降。为了克服这个缺点,OFDM 系统采用 N 个重叠的子频带,子频带间正交,因此在接收端无须分离频谱就可将信号接收。

OFDM 系统主要有以下几个优点。

(1) 高速率的数据流进行串并转换,从而使得每个子载波上的数据符号长度相对增加,以此来减少由于无线信道的时间弥散带来的相互干扰,减小接收机内均衡的复杂度。

(2) 传统频分多路传输方法将频带分为若干互不正交的子频带进行并行数据传输,各个子信道之间保留足够的保护频带。OFDM 系统由于它的各个子载波之间存在正交性,它允许子信道的频谱相互重叠,因此,与常规的频分复用系统相比较,OFDM 系统可以很大限度地利用频谱资源。

(3) OFDM 系统中各个子信道正交调制和解调可以采用离散傅里叶变换(DFT)和离散傅里叶逆变换(IDFT)来实现。在子载波很大的系统中,可以采用快速傅里叶变换(FFT)来实现。

(4) OFDM 系统中的无线数据业务一般存在非对称性,下行链路的数据传输量要大于上行链路中的数据传输量,因此,OFDM 系统要求物理层支持非对称高速率数据传输,并且可以通过使用不同数量的子信道来实现上行链路和下行链路不同的传输速率。

（5）OFDM 系统很容易就能够和其他多种接入方法结合使用，如多载波码分多址（MC-OFDM）、跳频 OFDM、OFDM-TDMA 等，从而使多个用户可以同时使用 OFDM 技术进行信息传输。

（6）OFDM 系统在变化相对比较慢的信道上，能够根据每个子载波的信噪比来优化分配每个子载波上传送的信息，从而能够很大程度地提升系统传输信息的容量。

（7）OFDM 系统还能够有效地对抗窄带干扰。

虽然 OFDM 技术有着诸多优势，但是相比于单载波传输，OFDM 系统对于载波频率偏移和定时误差的敏感程度要比单载波系统高出很多。在无线通信系统中，无线信道通常是存在时变性的，多普勒效应便是具体体现之一，根据公式 $f_d = \frac{v}{\lambda}\cos\theta$ 可以直观地看出多普勒频移和移动台的移动速度成正比。OFDM 系统对子载波的同步要求严格，多普勒效应引起的载波的频偏会对整个系统造成严重的影响，需要采取一定的措施对这种现象加以克服。OFDM 系统中还存在较高的峰值平均功率比，使得整个系统对放大器的线性要求很高。OFDM 系统框图如图 4-6 所示。

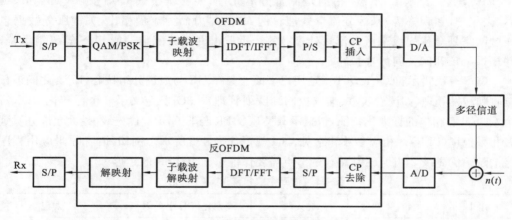

图 4-6 OFDM 系统框图

OFDM 系统存在如下的缺点。

（1）易受频率偏差的影响。在 OFDM 系统中，因为信道的频谱相互覆盖，所以它们之间的正交性要求更严格。无线信道具有时变性，在传输的过程中出现的无线信号频谱偏移存在频率偏差，使得 OFDM 系统各个子载波之间的正交性遭到了破坏，导致信道间干扰（ICI）。

（2）OFDM 系统存在较高的峰值平均功率比。多载波调制系统的输出是多个子信道信号的叠加，如果多个信号的相位一致，得到的叠加信号瞬时功率就会远远高于信号的平均功率，从而导致较大的 PAPR。

4.2 支持物联网的 LTE 蜂窝网络

新兴的物联网应用和服务，包括电子医疗、智慧交通、智能电网、智能家居、智能城市和智能工作场所，将成为人们生活的一部分。物联网将数十亿传感器、执行器和智能设备通过互联网远程互联和管理，使其智能化、可编程化，并且能够与人类进行交互。

通过可靠的通信基础设施支持大量设备和人类之间的连接是物联网部署的关键挑战。

由于第四代移动通信系统成本低和可用性强,许多重要的公用事业和服务行业正在考虑使用长期演进蜂窝技术为其网络上的用户、传感器和智能设备提供关键连接。这些行业包括电力公用事业(专注于智能电网应用)、空中交通行业、运输行业、安全系统行业、燃气公用事业、供水公用事业、应急通信网络和公共安全网络行业。在这些新兴的物联网行业应用中,许多都事关人身安全、具有严格的端到端(E2E)延迟限制要求,4G 系统还不能满足其延迟要求。

支持具有如此严格的 E2E 延迟要求的物联网应用需要在每个设备和控制器之间使用点对点光纤。然而,除了成本过高之外,这将导致光纤容量不能被充分利用。因此,使用诸如 LTE/LTE-Advanced 的相对延迟低得多,且部署灵活的商业多业务蜂窝网络被认为是引人注目的解决方案。典型的 LTE 网络必须在延迟、可扩展性、可用性和可靠性方面有效地适应这些应用的不同性能的要求。

在第三代合作伙伴计划(3GPP)第 8 版中,标准化的 EPS 服务质量(QoS)模型取决于“EPS 承载”。术语“承载”指的是流量分离元件,能够基于其 QoS 要求(如容量、延迟、丢包率、错误率等)来区分流量处理。例如,与尽力而为流量相比,关键服务数据包通过网络划分优先级来区分流量处理。每个承载由网络分配唯一的 QoS 等级指示符,并提供 UE 和网关间的虚拟路径。

QoS 等级指示符 QCI:QCI 指定用户平面业务在 UE 与演进分组核心(EPC)之间进行接收和转发处理(如调度权重、准入控制和队列管理)。3GPP 定义了 8 个标准化 QCI,每个 QCI 具有相应的标准化特征,包括承载类型(GBR 与非 GBR)、优先级、最大允许分组延迟和丢包率(PLR)。相应参数和常见 QCI 规范如表 4-1 所示。例如,语音呼叫应用程序将被赋予优先级 2,并且沿其路径的节点需要保证小于 100 ms 的延迟。

表 4-1   相应参数和常见 QCI 规范

QCI	承载类型	优先级	最大允许分组延迟/(ms)	丢包率
1	GBR 承载	2	100	10^{-2}
2		4	150	10^{-3}
3		3	50	10^{-6}
4		5	300	10^{-3}
5	Non-GBR 承载	1	100	10^{-6}
6		6	300	10^{-3}
7		7	100	10^{-6}
8		8	300	10^{-6}

LTE QoS 系统框图如图 4-7 所示,承载可以根据其 QoS 要求分为默认承载或专用承载。当 UE 连接到 LTE 网络时,LTE 系统为 UE 分配默认承载,其与 IP 地址相关联。默认承载是 Non-GBR 承载,并且仅提供尽力服务。专用承载在默认承载的顶部创建,并提供专用路径以对特定服务进行适当的处理。专用承载又分为 GBR 承载或 Non-GBR 承载,其中 GBR 承载具有专用网络资源(如实时应用程序)。Non-GBR 承载没有专用资源,用于尽力而为流量,如文件下载。

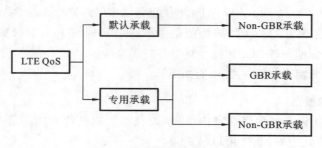

图 4-7 LTE QoS 系统框图

IP 数据包过滤取决于流量模板(TFT)。TFT 使用 IP 头信息(源和目标 IP 地址、源和目标端口号以及协议 ID),通常由五元组定义。五元组用于构成传输控制协议/网际协议(TCP/IP)连接。把与 VE 的 IP 分组中的每个承载相关联的上行链路 TFT 过滤到 UL 中的 EPS 承载,而下行链路(DL)分组过滤器位于分组数据网网关(Packet Data Network Gateway,PGW),因此,输出和输入分组流映射到适当承载上时,在 UE 处执行 UL 分组过滤,并且在 PGW 处执行 DL 分组过滤。

对于给定的承载,QoS 特性可以由六个参数定义:QCI、GBR 承载、Non-GBR 承载、MBR、AMBR 和 ARP。由于其在准入控制中的职责,分配和保留优先级(ARP)是重要的 LTE QoS 特性。ARP 不会影响数据包流量的性能,但是它用于决定是否接受/拒绝承载建立/修改请求。此外,在切换时,eNodeB 可以利用 ARP 来决定由于资源限制而丢弃哪个承载。

4.3 蜂窝 IoT 和 4G 网络的并存

4.3.1 蜂窝 IoT 的概念

LTE 标准现在专注于 LTE-Advanced 和 5G 技术。5G 移动通信网络的演进将以无线设备的数量、服务的类型和不同标准的无线通信技术并存时网络的可用性为特征。任何下一代 3GPP 标准都需要解决三个主要挑战:设备数量大幅增长、数据流量大幅增长、应用范围越来越广。为了应对这些挑战,特别是为了处理机器与机器通信和物联网类型设备通信,LTE 无线接入技术必须进一步发展并探索最佳处理 M2M/IoT 数据的机制。作为处理预期的 M2M 设备类型和数量的解决方案,蜂窝 IoT(Cellular IoT,CIoT)正在业界和学术界获得关注。不断发展的蜂窝 IoT 的优势在于重用现有的 GSM 窄带信道和频谱作为 GSM 频谱收集的手段。《蜂窝 IoT 白皮书》显示:如果移动运营商能在预期的 M2M 设备发展完善之前拥有蜂窝 IoT 系统,那么他们将有更大的发展机会和空间。如果拥有良好的蜂窝 IoT 和 4G 网络共存机制,可以将突发流量卸载到蜂窝 IoT 小区,而 4G LTE 小区可以用于视频呼叫、视频浏览等应用。蜂窝 IoT 系统预计将覆盖更广泛的范围,支持 20 dB 的额外链路预算,以确保广域覆盖。

随着 0 类 LTE 设备的出现以及使用 Cat 0 芯片(一种 LTE 芯片)组更加普及,蜂窝 IoT 系统最终成为运营商考虑的可行技术。3GPP Release-13 正致力于进一步修改以开发出低吞吐量传感器类型的设备。一个关键的修改是确保设备可以在 5 MHz 以下的频段工作,例如,无论小区的带宽如何,设备都只能在 1.4 MHz 带宽内工作。UE

的发射功率可以限制在 20 dB,并且当吞吐量大约为 200 kb/s 时,设备可以工作。3GPP 开展的研究项目的一些关键特征是了解 3GPP 蜂窝 IoT 系统如何在成本、覆盖范围和功率效率方面与非 3GPP 技术竞争。

正在研究的蜂窝 IoT 的主要功能如下。

1. 改善室内覆盖

大多数 M2M 设备类型将在室内部署,因此而形成的蜂窝 IoT 系统都应该确保室内设备(如在公寓地下室)仍然可以被覆盖。

2. 支持大量低吞吐量设备

M2M/IoT 设备的数量很多,但每个设备的平均数据很小,并且这些数据包预计会对延迟不敏感。

3. 超低成本

为了与像 ZigBee 这样的非 3GPP 标准竞争,蜂窝 IoT 必须支持低于 5 美元的芯片组。3GPP Release-13 正在努力实现这一目标。

4. 功耗低

蜂窝 IoT 系统必须支持极端省电模式,以实现几年的电池寿命。

3GPP LTE 架构为所有接入技术提供公共节点和网关节点。无线接入网到核心网在功能上被分为移动性管理实体(Mobility Management Entity,MME)和提供网关之间单独的控制/用户平面。MME 和网关被称为 EPC。网关包括分组数据网络(PDN)网关和服务网关(SGW)。PDN 网关作为所有接入技术的通用标记。服务网关是 3GPP 内移动性的标记。作为控制平面功能的 MME 功能与网关分开,以促进更好的网络部署以及可能的独立技术的未来发展。除了这些节点,EPC 还包括其他逻辑节点和功能,如归属用户服务器(HSS)、策略控制和计费规则功能(PCRF)。EPS 仅为 QoS 控制的应用提供承载路径,多媒体子系统(IMS)被认为在 EPS 之外为诸如 VoLTE 的应用提供支持。

4.3.2　用于集成蜂窝 IoT 和 LTE 的架构

1. 考虑蜂窝 IoT 和 LTE 共存的因素

发展蜂窝 IoT 和现有的 3GPP 架构需要考虑如下关键因素。

(1)来自 M2M/IoT 类型设备的数据的突发性质以及由 LTE 核心网络元件上的此类数据类型引起的典型过载预期。

(2)支持蜂窝 IoT 和 LTE 系统之间可能的卸载机会的机制,这为解决来自 M2M/IoT 设备的延迟敏感和延迟不敏感数据提供了更好的解决方式。

(3)蜂窝 IoT 以两种形式出现,一种是作为单独的系统重用 GSM 频带或新的 5 MHz频带,另一种能够重用现有的 LTE 中部署的 5 MHz 频带。任何共存架构都能够解决蜂窝 IoT 系统的问题。

2. 紧密耦合的 CIoT-LTE 架构

蜂窝 IoT 小区像常规 eNodeB 一样工作并连接到现有的 LTE 核心网络。在这种情况下,核心网络信令负载将是主要问题。

紧密耦合蜂窝 LTE 架构如图 4-8 所示。

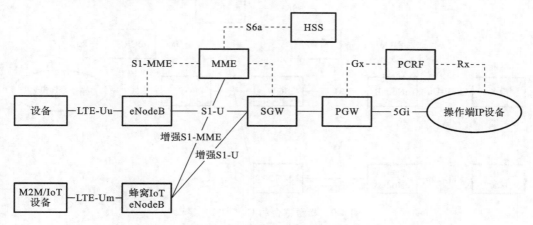

图 4-8　紧密耦合蜂窝 LTE 架构

在这种架构中，需要在 S1-MME 和 S1-U 接口上进行增强，以处理可以预期从蜂窝 IoT eNodeB 生成的大量突发流量。对于这种架构，建议使用支持延迟的 S1 连接设置，其中蜂窝 IoT 单元从 M2M 设备累积足够的数据，受其延迟不敏感的影响，随后创建一个 S1 连接以清除累积的数据。蜂窝 IoT eNodeB 可以请求与支持延迟的 S1 建立连接或者可以与核心网络建立单个 S1 连接。

3. 蜂窝 IoT 和 LTE 之间的双小区架构

在 LTE 双小区（DC）中，设备（UE）可以从/向多个 eNodeB 接收/发送数据，存在主 eNodeB 和一个或多个辅 eNodeB。在蜂窝 IoT 情况下，常规 eNodeB 可以被认为是锚定 MME 连接的主 eNodeB，而突发业务将通过蜂窝 IoT 路由。

这种架构可用于处理产生大量突发流量的应用程序，但这些应用程序仍然存在于普通电话中。这种架构很好地适用于现有的 LTE M2M 架构。常规 MME 上的信令负载仍然很高，因此这不是一个非常可行的解决方案。双小区连接选择可以由 UE 或网络基于负载条件和网络中生成的突发流量的度量来发起。

设备控制 LTE DC 中的连接性，网络拥塞信息可能显著影响着连接体验，因为高质量无线信道的性能可能由于拥塞的回程链路或接入而降级。为此，基于每周或每日趋势的历史分析的小区级拥塞可以帮助设备为其连接选择正确的 eNodeB。标准 S2C 接口可以将这种分析传递给设备。

4. 松散耦合的 CIoT-LTE 架构

图 4-9 提供了一种松散耦合的 CIoT-LTE 架构，其中蜂窝 IoT eNodeB 系统被视为一个单独的系统。来自蜂窝 IoT eNodeB 单元的数据将仅通过 PGW。拟议的新 MGW 必须处理 SGW 和 MME 的功能。维护 HSS 接口必须在运营商域中管理订阅。与 PGW 的连接也可以取决于累积数据的可用性（延迟不敏感），以便网关中的包数据网络上没有负载。这是一种非常好的方法，因为这允许移动虚拟网络运营商独立于 LTE 网络运行蜂窝 IoT 网络。

5. 支持现有 LTE 频段内的蜂窝 IoT 流量

在蜂窝 IoT 讨论中，可以在比给定小区中的其余设备使用更小的频带以支持 IoT

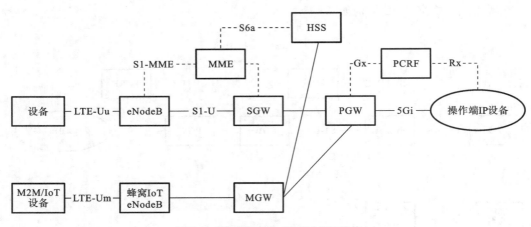

图 4-9 松散耦合的 CIoT-LTE 架构

设备。例如,考虑 20 MHz LTE 小区,可以在 20 MHz 设备运行的相同 20 MHz 中支持 1.4 MHz 设备。

图 4-10 提供了一种可能的 M2M/IoT 架构,其中专用 MME(MME 包括常规 MME 和专用 MME)只能处理与蜂窝 IoT 相关的信令,而常规 MME 可以处理其余的设备。SGW 还可以支持选择 IP 卸载线路上的本地突破,以便可以管理任何过载的核心网络。

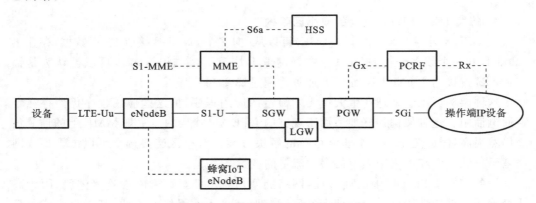

图 4-10 一种可能的 M2M/IoT 架构

图 4-10 显示了用于卸载 M2M/IoT 数据的 SIPTO 方法和仅用于处理源自 M2M/IoT 设备的信令负载的专用 MME。预先识别 M2M 设备(可能在 MSG2 信息中),以便将剩余的信令通过路由发送到蜂窝 MME/IoT。

4.4 5G 技术在物联网中的应用

新一代 5G 网络是由 TCP/ IP(IPv6)协议与物联网(IoT)集成的,旨在交换信息、提高应用安全性和服务质量及交换配置,这三个方面是网络建设中常见的问题,其中机密性、完整性、可用性、认证、拓扑重构、改进、高质量的服务、寻址、基础设施和网络与节点建设,为 M2M 通过机器通信或端到端通信提供了支持。

4.4.1 5G 系统架构

图 4-11 展示了 5G 系统架构。5G 理论网速可达到 20 Gb/s,比 4G 快 10 倍以上。超高的速度也使得 5G 能够支持多种应用,如设备到设备的通信、V2X 通信、物联网等。

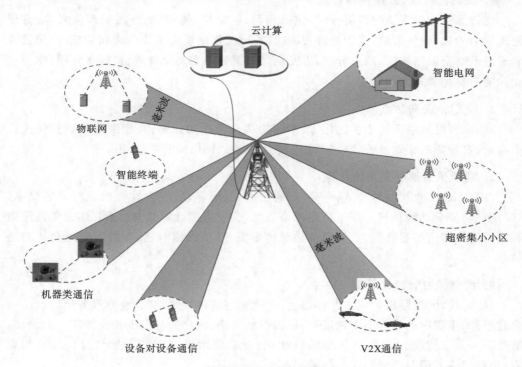

图 4-11 5G 系统架构

5G 技术不但能够提供更便捷的服务,还能够无缝融合现有的无线接入技术,在此基础上,开始使用毫米波频段的新技术。毫米波频段拥有丰富的频谱资源,根据毫米波的特点,能够大幅度地减小天线尺寸,从而构建成百上千个单元的天线阵列。还能够通过支持波束赋形和相控阵能力的智能天线,将天线波瓣精确地控制到一个方向。窄波束还能够在不产生互相干扰的情况下利用空间自由度,小尺寸的天线还有利于基站和终端使用大规模 MIMO 技术。与有线通信系统的回传链路相比较,毫米波技术能够通过超宽带回传链路使流量离开或到达小型基站和中继站,更有利于运营商灵活部署。超密集小小区是另外一个能使得 5G 满足更大容量挑战的技术,不但如此,它还能够减小基站和终端之间的物理距离来提高系统的能量效率。宏小区一般采用的是 3 GHz 以下的频段进行数据传输,小小区采用的是高频段进行数据传输,并通过宏基站的控制平面进行辅助。

4.4.2 5G 网络智能化

作为基础服务设施的 5G 网络,需要为各个行业的数字化发展提供网络支撑,并向各个行业提供差异化服务。为了按需、灵活地支持各种行业应用和业务场景,5G 网络将以云化、服务化架构来构建,满足面向未来的长期发展需求。

5G 网络云化、服务化的架构,具备了支撑各种行业应用和业务场景的基础,使 5G

网络能够实现高效、灵活、低成本、易维护的运营和运维,并且具备开放、创新能力,这将是运营商在 5G 时代竞争力的核心所在,也是 5G 网络智能化的重点方向。5G 网络智能化的需求主要体现在如下几个方面。

1. 灵活的无线、云化资源管理

支持无线空口资源的按需分配,包括频谱、帧结构、物理层、高层处理流程等;实现处理能力的软/硬件解耦,实现处理资源按需分配、网络能力敏捷创建和调整;云化资源和承载网络资源的按需、动态分配,以及全局性策略的自动化管理、智能化管理、端到端切片的自动化管理。

2. 空口协调和站点协作

5G 高密度网络下的干扰优化、站点间协调与合作的优化;高密度网络下如何设计更有效、更智能的移动性管理机制,是未来无线接入网络面临的迫切需求。

3. 功能灵活部署及边缘计算

AR/VR、工业互联网、车联网等,对通信时延、可靠性、安全性提出了更高的要求。5G 网络将部分功能从核心层下沉至网络边缘,构成边缘计算能力。通过缩短链路距离和提升边缘网络的智能能力,达到节约回传带宽、降低网络时延、智能支撑用户体验的效果。

4. 增强网络智能化管理

5G 时代,无线网络多制式并存协同、云化分层解耦故障定位、业务服务化后状态的全息感知、承载网的按需适配调度等,使得网络管理、优化的复杂度和难度都大大增加,需要引入人工智能(AI)提升管理的自动化、智能化水平,降低人工干扰因素,节约成本,提升网络的服务质量和业务体验。

4.4.3 5G-IoT 架构

一种基于 5G 的物联网架构被称为 5G-IoT 架构,该架构具有以下特性:模块化、高效率、灵活性、可扩展性、简单性和反应快。

如图 4-12 为 5G-IoT 架构,该架构由 8 个层组成,每层具有双向数据交换功能。通信层和管理服务层分别由两个和三个子层组成,安全层覆盖所有其他层。这些子层可以提供最佳性能并同时保持架构的模块化。

1. 物理设备层

物理设备层由无线传感器、执行器和控制器组成,实际上是物联网的"物联网"。物理设备层是所有体系结构中的公共层,在该层中,将采用诸如 Nano-Chips 的小尺寸器件来增加计算处理能力并降低功耗。Nano-Chips 能够生成大量初始数据,适用于数据分析层的大数据处理。

2. 通信层

通信层由两个子层组成:D2D 通信子层和连通子层。由于物理设备(节点)的处理能力和智能的增加,它们包含自己的身份和个性,并生成自己的数据。为了提高物联网系统的效率和功能,这些设备应形成异构网络以相互通信。

在 D2D 通信子层中采用无线传感器网络的最新通信协议。节点能够进行群集

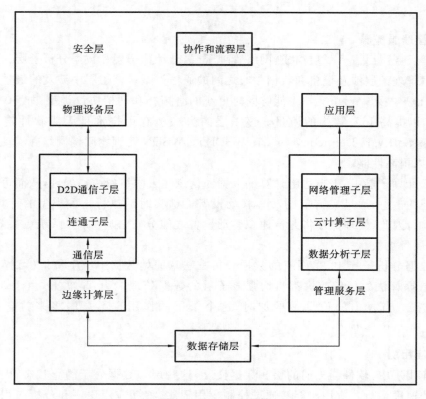

图 4-12 5G-IoT 架构

甚至选择领导者(群集头)以进行适当的联网。改进这个子层的最重要技术之一是毫米波。另外,在该子层,5G 是另一种能够增强 D2D 通信的可选技术。5G 被认为是为机器类型通信(Machine Type Communication,MTC)设备提供连接的重要候选者。

在连通子层中,设备连接到通信中心,如 BS。此外,它们通过内联网连接到存储单元,通过中心发送它们的数据。目前,物联网的这个子层有一些特定的问题:只能处理有限数量的设备连接;在自动驾驶车辆等应用中,各种数据类型的数据交换不适用;由于通信延迟较大,很难实时处理大量数据。5G 的部署在可靠性、性能和灵活性方面对这个子层进行了很大的改善。该子层的另一种技术是 SSIM 技术。通过这项技术,物联网设备能够以足够低的干扰选择合适的频谱(频带)。实际上,SSIM 技术也有利于利用基于认知无线电的频谱共享。该体系结构中开发的这个子层提供低延迟、连接的健壮性,并支持各种数据类型。

3. 边缘计算层

在边缘计算层,数据由节点或其领导者进行边缘处理,以便在边缘级别进行决策。随着 5G 技术的引入和移动设备(如智能手机)的兴起,MEC 技术将更加强大,并将在这一层作出重大贡献。

4. 数据存储层

数据存储层包含数据存储单元,存储从物理设备的边缘处理获得的信息以及原始数据。该层在安全性方面需要特殊保护,并且还应响应未来应用程序的巨大数据量和流量。

5. 管理服务层

管理服务层由三个子层组成:网络管理子层、云计算子层和数据分析子层。

网络管理子层涉及设备和数据中心之间的通信类型。该子层中涉及的最重要的技术是 WNFV 技术,WNFV 技术能够同时更新网络拓扑和通信协议类型(如 5G-IoT 或 ZigBee),以提高 IoT 结构的质量。该子层的另一项有用技术是无线软件定义网络 (Wireless Software Defined Network,WSDN)。WSDN 管理物联网网络并实现网络重新配置,以提高性能。

在云计算子层中,来自边缘计算的数据和信息在云中被(重新)处理,从而可以导出最终处理的信息,通过实施 5G 技术,移动设备能够实时地执行这种类型的计算,其被称为 MCC,因此,处理操作将并行地在移动设备之间分布,以使 IoT 系统更有效、可持续、可扩展且更快。

在数据分析子层中,采用新的数据分析方法从原始数据中产生价值(可操纵的信息),大数据算法的任何改进都将增强该子层的数据处理能力,事实上,由于 5G 和物联网的整合,当收集的信息量增加时,这个子层的作用在不久的将来就会占主导地位。

6. 应用层

在应用层中,软件与先前的层和数据交互,这些层和数据处于静止状态,因此不必以网络的速度运行。应用层能够通过控制应用程序、移动应用程序和分析应用程序来彻底改变垂直市场和业务需求。实际上,应用层可以让业务人员在正确的时间使用正确的数据做正确的事情。

7. 协作和流程层

物联网系统和来自应用层的信息发生一定的信息交互时协作和流程层才会产生作用。人们可以通过执行业务逻辑的应用程序获得授权,通过使用应用程序和相关数据来满足其特定需求。有时,多个个体出于不同的目的,使用同一个应用程序。事实上,个人必须能够进行协作和沟通,才能使物联网技术得以应用。

8. 安全层

像许多架构一样,安全层被认为是一个单独的层。实际上,该层覆盖并保护所有的层,但每个部分(该层与另一层的交叉点)具有其自己的功能。所提出的体系结构的安全层需要各种安全特性术语,包括数据加密、用户认证、网络访问控制和云安全。此外,安全层还可以防止并预测网络攻击,包括通过取证来检测攻击类型并使其失败。

4.5　本章小结

本章介绍了移动通信技术的发展历程;介绍了 CDMA 技术、MIMO 技术和 OFDM 技术,分析了这些技术的特点以及详细应用;介绍了 4G、5G 技术在物联网中的架构和应用,以及系统架构中各层的功能,详细介绍了它们应用于物联网领域面对的挑战以及应对方法,从而体现出移动通信技术在物联网中的作用和重要性。

习　题　4

一、填空题。

1. 移动通信系统的工作频率范围为_____和_____,该频段具有_____、_____、_____、_____等特点。

2. 移动通信系统主要有_____、_____、_____、_____、_____等特点。

3. CDMA 2000 网络架构有_____、_____、_____、_____、_____、_____等实体。

4. OFDM 系统具有_____、_____等缺点。

5. 5G-IoT 架构有_____、_____、_____、_____、_____、_____、_____,共 8 层。

二、简答题。

1. 什么是移动通信?移动通信有哪些优势?

2. 常用的移动通信系统包括哪几种类型?

3. 简述移动通信的发展过程与发展趋势。

4. 3G 目前有哪三大标准?具有我国自主知识产权的标准是哪个?

5. CDMA 2000 中定义了哪几种分组接入机制模式?请进行详细说明。

6. 在 CDMA 技术的利用程度方面,3G 的三大标准哪个最弱势?

7. 简述 WCDMA 系统的信道结构。

8. 试画出 4G 系统的网络结构。

9. 4G 系统的关键技术有哪些?

10. OFDM 技术有哪些优点和缺点?请进行详细说明。

11. 什么是蜂窝 IoT?

12. LTE 和蜂窝 IoT 共存需要哪些因素?

13. 5G-IoT 架构有几层?分别是什么?

5

低功耗广域网通信技术

　　无线网络行业正逐渐朝着低功耗广域网的行业发展,低功耗广域网技术(LoRa 技术、NB-IoT 技术、eMTC 技术等)有效提供了从几千米到几十千米的广域连接,以实现低数据速率、低功耗和低吞吐量的应用。本章重点介绍 LoRa 技术、NB-IoT 技术和eMTC 技术。

5.1　低功耗广域网概述

　　低功耗广域网是一种远距离、低功耗的无线通信网络,它代表了一种新兴的通信规范,补充传统的蜂窝和短距离无线通信网络,以满足物联网应用的远距离、低功耗等通信需求。低功耗广域网技术提供独特的功能,包括低功耗和低数据速率设备的广域连接,这是传统无线技术所不具备的。使用专有技术或蜂窝技术的低功耗广域网将 300 亿 IoT/M2M 设备中大约 1/4 的设备连接到互联网。低功耗广域网涉及的领域如图 5-1 所示。

图 5-1　低功耗广域网涉及的领域

　　低功耗广域网是独特的,因为它与物联网领域中普遍存在的网络,如短距离无线网(ZigBee、蓝牙、Z-Wave、传统无线局域网)、蜂窝网(GSM、LTE 等)等,有着不同的技术权衡。对于连接在大地理区域内的低功率设备,传统的非蜂窝无线技术并不理想。这些传统技术的传输范围最多只能达到几百米,因此不能满足智慧城市、智慧物流和个人健康中的许多应用的随意部署或移动的要求。通过使用多跳网络连接设备和网关的密集部署,可以扩展这些传统技术的传输范围。然而,大型部署基站或无线接入点非常昂贵。此外,传统无线局域网的特征为较小的覆盖范围和较高的 MTC 功耗。

　　低功耗广域网具有覆盖几千米到几十千米的显著传输范围,并且其电池寿命长达十年甚至更长时间,因此可用于低功耗、低成本和低吞吐量的互联网。大量的低功耗广域网使设备能够在大地理区域内传输和移动。低功耗广域网以低数据速率(通常为每秒几十千比特的数量级)和更高的延迟(通常以秒或分钟的时延)为代价来实现长距离和低功率通信。因此,低功耗广域网并不是解决每一个物联网用例,而是迎合物联网领域中的部分领域。具体而言,低功耗广域网技术用于一些延迟要求不高、不需要高数据速率并且要求低功耗和低成本的应用,其中低功耗和低成本是一个重要的方面。然而,大规模 MTC 应用需要超低延迟和超高可靠性,这种应用具有严格的性能要求,如高达99.999％的可靠性和低至 1～10 ms 的延迟,无法通过低成本和低功耗的解决方案得到保证。由于这个原因,低功耗广域网不适用于许多工业物联网。尽管低功耗广域网受限于它的低数据速率,但是它满足了智慧城市、智能计量、智能家居、可穿戴电子、物流和环境监测等对传输数据量的需求。

　　目前,有几种低功耗广域网采用了相对应的方案,实现了远程、低功耗操作和高扩展性。

5.2　低功耗广域网设计目标和技术

　　低功耗广域网技术的成功在于能够以前所未有的低成本为分布在大地理区域的大量设备提供低功率连接。本节描述了低功耗广域网技术中用于实现这些相互冲突的目标的技术。低功耗广域网技术与其他无线技术共享一些设计目标,然而,低功耗广域网技术的关键目标是具有低功耗和低成本的远距离传输,这与其他技术不同,其他技术更侧重于实现更高的数据速率、更低的延迟和更高的可靠性。

5.2.1　远程

　　低功耗广域网用于广域覆盖以及将良好的信号传播到难以到达的室内场所,如地下室。传统蜂窝系统的增益为＋20 dB 时,覆盖范围可以达到几米到几千米,根据其部署环境(农村、城市等)实现终端设备与基站相连接。下面介绍实现这一目标的 Sub-GHz 频带和特殊调制方案。

1. 使用低于 1 GHz 的频段

　　除少数低功耗广域网(如 Weightless-W 和 Ingenu)外,大多数使用 Sub-GHz 频段,即低于 1 GHz 的频段,在低功率预算下提供稳健可靠的通信。首先,与 2.4 GHz 频段相比,较低频率的信号经历较少的衰减以及由障碍物和致密表面(如混凝土墙壁)引起的多径衰落。其次,2.4 GHz 频段是最受欢迎的无线技术使用的频段,如 WiFi 技术、蓝牙技术、ZigBee 技术等,而 Sub-GHz 没有这么多的应用,因此其频段可利用的空间更多。由此实现了远距离和低功率通信的更高的可靠性。

2. 调制技术

低功耗广域网技术旨在实现 150 ± 10 dB 的链路预算,分别在城市和农村地区实现几千米和几十千米的传输范围。物理层牺牲了高数据速率,减慢了调制速率,在每个传输比特(或符号)中投入更多的能量。由于这个原因,接收器可以正确地解码严重衰减的信号。现有技术中,低功耗广域网接收器的典型灵敏度低至 -130 dBm。低功耗广域网技术已经采用了两类调制技术,即窄带调制技术和扩频技术。

窄带调制技术通过以低带宽(通常小于 25 kHz)信号编码来提供高链路预算。窄带调制技术通过为每个载波分配非常窄的频带,多个链路之间能够非常有效地共享整个频谱。在单个窄带内经历的噪声也是最小的,因此,在接收器端解码信号不需要通过频率解扩的处理增益,因此可以进行简单且廉价的收发器设计。NB-IoT 和 Weightless-P 是窄带调制技术的例子。

一些低功耗广域网技术(如 SigFox 技术)把每个载波信号挤压在宽度短至 100 Hz 的超窄带(Ultra Narrow Band, UNB)中,进一步减少了经历的噪声并增加了每单位带宽支持的终端设备的数量,但是各个终端设备的有效数据速率也会降低,从而增加了无线电需要保持开启的时间。这种低数据速率与共享基础频带的频谱规则相结合可能会限制数据包的大小和传输频率,从而限制了业务用例的数量。SigFox 技术、Weightless-N 技术和 Telensa 技术是使用超窄带调制的低功耗广域网技术的几个典型例子。

扩频技术在较宽的频带上扩展窄带信号,但有相同的功率密度。实际传输是一种类似噪声的信号,窃听者更难以检测,对干扰更具弹性,因此更能抵御干扰并且对窃听者进行攻击。然而,接收器端需要更多的处理增益来解码噪声基底以下接收的信号。在宽带上传播窄带信号导致频谱的使用效率降低,因此通过使用多个正交序列来解决问题。只要多个终端设备使用不同的信道或不同的正交序列,所有的信号都可以同时解码,从而产生更高的整体网络容量。目前,不同的低功耗广域网技术使用了不同的扩频技术。

5.2.2　超低功耗运行

超低功耗运行是利用电池供电的 IoT/M2M 设备的关键要求。为了降低维护成本,设备使用的 AA 或纽扣电池需要工作十年或者更长时间。

1. 拓扑结构

虽然网状拓扑结构已被广泛用于扩展短距离无线网络的覆盖范围,但是它们的高部署成本是连接地理上大量分布设备的主要缺点。此外,业务在向网关转发的多个跳跃节点上,一些节点由于其在网络中的位置或者网络流量模式而导致比其他节点具有更高的拥塞概率。因此运用网状拓扑结构的设备将快速耗尽电池,从而将整个网络寿命限制到几个月至几年。

另一方面,超长距离传输的低功耗广域网技术通过将终端设备直接连接到基站来克服这些限制,从而无须完全密集地部署昂贵的中继和网关。由此产生的拓扑结构是在蜂窝网络中广泛使用的星形拓扑结构,该拓扑结构带来了巨大的节能优势。与网状拓扑结构相反,星形拓扑结构不需要耗费能量来忙于倾听其他希望通过它们传输流量的设备,始终在线的基站可在终端设备需要时提供方便快捷的访问。

除了星形拓扑结构,一些低功耗广域网技术支持树形和网状拓扑结构,但是其协议设计更加复杂。

2. 周期循环

周期循环通过适时地关闭 IoT/M2M 设备的耗电组件(如数据收发器),以实现低功耗操作。无线电周期循环允许低功耗广域网的终端设备在不需要时关闭收发器,只有在发送或接收数据时,才会打开收发器。

低功耗广域网的周期循环机制基于应用、电源类型和流量模式以及其他因素进行调整。如果应用程序仅需要通过上行链路传输数据,则只有在准备好传输数据时才可以唤醒终端设备。相反,如果还需要下行链路传输,则终端设备确保在基站实际发送时进行监听。终端设备通过同意监听时间表来实现下行链路传输。例如,终端设备可以在上行传输之后持续一段短时间的监听来接收回复。或者,它们可以在与基站商定好的时间唤醒。对于需要超低延迟的下行链路通信的主电源终端设备,无线电收发器可以始终保持开启模式。不同的低功耗广域网的标准基于它们的上行链路或者下行链路的通信需求定义的多个类别终端设备,如 LoRaWAN。

在低功耗广域网技术的领域,收发器的周期循环不仅是节电机制,还是监管立法的要求。关于共享频谱的区域规则可能限制单个收发器可以占用的时间,以确保其与共享相同信道的其他设备共存。

如许多低功耗嵌入式网络所研究的那样,周期循环也可以扩展到收发器之外的其他硬件组件。模块化硬件设计可以提供不同的操作模式以及具有打开或关闭各个硬件组件(如辅助组件、存储和微控制器)的能力。通过利用这些电源管理技术,低功耗广域网应用程序开发人员可以进一步降低功耗并延长电池寿命。

3. MAC

MAC 协议在蜂窝网络和短距离无线网络中应用十分广泛,但它对低功耗广域网技术来说太复杂。例如,蜂窝网络使用频率时间分集的复杂的 MAC 协议准确地同步基站和用户设备。虽然这些方案的控制开销对强大的蜂窝用户是合理的,但它对低功耗广域网终端设备来说开销过大。换句话说,这些 MAC 协议的控制开销甚至可能比低功耗广域网设备的小数据量和不频繁的机器类型通信更昂贵。此外,这些方案很难通过具有低质量、廉价振荡器的超低成本(1 美元至 5 美元)的终端设备来满足基站和设备之间所需的紧密同步。在访问频谱时,由于这些设备在时域和频域都会出现漂移,共享媒体的独占访问成为竞争设备的主要挑战。因此,简单的随机接入方案在低功耗广域网技术中更受欢迎。

具有冲突避免的载波侦听多路访问(CSMA / CA)是在 WLAN 和其他短程无线网络中成功部署的最流行的 MAC 协议之一。对于这样的网络,每个基站的设备数量是有限的,因此,隐藏节点问题无法解决。然而,随着这些设备的数量在低功耗广域网中增长,载波侦听在检测正在进行的传输的可靠性方面,变得不那么有效,对网络性能产生负面影响。虽然使用请求发送/清除发送(RTS / CTS)机制的虚拟载波侦听来克服该问题,但是它在上行链路和下行链路上引入了额外的通信开销。对于大量设备,低功耗广域网技术通常无法承受这种过多的信令开销。此外,链路不对称是当今许多低功耗广域网技术的特性,降低了虚拟载波侦听的实用性。

由于这些原因,诸如 SigFox 技术和 LoRaWAN 技术的多种低功耗广域网技术使用了 ALOHA。ALOHA 是一种随机接入 MAC 的协议,其终端设备在不进行任何载波侦听的情况下进行发送。ALOHA 的简单性被认为可以简化收发器的设计并降低成本。尽管如此,Ingenu 和 NB-IoT 也考虑使用基于 TDMA 的 MAC 协议来更有效地分配无线电资源,这种协议的缺点是终端设备的复杂性和成本更高。

4. 从终端设备卸载复杂任务

大多数技术通过将复杂任务卸载到基站或后端系统来简化终端设备的设计。为了使终端设备的收发器设计简单且成本低,基站或后端系统必须更加复杂。通常,基站利用硬件分集,并且能够使用多个信道或正交信号向多个终端设备发送和侦听信息。这允许终端设备可以使用任何可用信道或者正交信号来发送数据,并且仍然能到达基站,而不需要昂贵的信令来发起通信。通过在后端系统中嵌入一些智能算法,终端设备可以进一步受益于更可靠和更节能的最后一千米通信。以 LoRaWAN 为例,后端系统为了维持良好的上行链路和下行链路连接,自适应调整通信参数(如数据速率、调制参数)。此外,后端系统还负责为终端设备提供跨多个基站移动的支持,并抑制重复接收(如果有重复接收的情况)。在数量较少的基站和后端系统中选择保持复杂性为许多终端设备实现了低成本和低功耗的设计。

数据处理也可以从终端设备卸载,但需要在成本和能耗上进行一些权衡。鉴于物联网应用的多样性,每个应用可能有不同的要求,特别是数据报告频率。一些应用程序可能要求终端设备频繁地报告数据(如每隔几分钟一次),相反地,有一些应用程序不需要终端设备频繁地报告数据,可能只需要一天一次。从能量消耗的角度来看,通信操作比处理操作需要消耗更多的能量。因此,这会出现一个关键问题,是按原样报告所有的数据,还是先执行一些本地处理再报告处理后的结果(减少通信需求)。前一种方法在终端设备上不需要任何显著的处理能力,这意味着可以实现设备的低成本。后一种方法降低了传输数据所需的能量消耗,由于处理的复杂性,终端设备的成本可能会上升。两者之间的选择实际上是由潜在的商业应用场景驱动的。考虑大量设备,总是希望终端设备能够是低成本的,所以如果通信成本很高,那么进行一些本地处理可能是有益的。类似地,如果通信成本不依赖于基于数据量的定价(具有统一的价格定价),那么具有更简单的终端设备可能是有益的。除了考虑通信成本之外,还需要考虑使用复杂处理操作的终端设备的相关成本。换句话说,如果终端设备需要频繁的通信,电池容易耗尽,需要部署更昂贵的终端设备,那么成本将叠加。从网络运营商的角度来看,为了防止出现性能问题,可能希望通过节点上的本地处理来减少网络上的业务量。然而,如果运营商的商业模式不是依赖于基于数据量的定价,那么这可能是不希望的。

从 OpenFog 和移动边缘计算等计划的兴起中可以看出,终端设备处理数据的模式(被称为边缘计算)近几年来越来越受欢迎。尽管如此,对于是直接传输原始数据还是传输本地处理结果的问题,没有简单的"一刀切"的答案。如前所述,答案取决于部署方案的应用程序的要求以及对投资回报率的分析。

5.2.3 低成本

低功耗广域网的商业成功得益于大量的终端设备的硬件成本低以及每单位的连接费用低(低至 1 美元)。这种低成本特性使得低功耗广域网技术不仅可以解决广泛的应用问题,而且在已经建立的良好的领域内(如短距离无线技术和蜂窝网络)也具有竞争力。低功耗广域网技术采用多种方式来降低用户和网络运营商的资产支出和运营支出。终端设备的低成本设计可通过几种技术实现,其中一些技术已在前面章节讨论过。使用星形拓扑结构、简单的 MAC 协议,以及从终端设备卸载复杂任务的技术使制造商能够设计简单且低成本的终端设备。下面讨论一些其他的技术、机制和方法。

1. 降低硬件复杂性

与蜂窝和短距离无线技术相比,低功耗广域网收发器不需要处理太复杂的波形。它可以减少收发器占用的空间、峰值数据速率和存储器大小,最大限度地降低硬件复杂性,从而降低成本。采用低功耗广域网技术的芯片制造商瞄准大量连接的终端设备,并且还可以通过规模经济降低成本。

2. 最小化的基础设施

传统的无线技术和有线技术的覆盖范围有限,需要进行密集的部署,因此设施的部署(网关、电力线、中继节点等)非常昂贵。但是,单个低功耗广域网可以使基站连接数千个分布在数千米之内的终端设备,这大大降低了网络运营商的成本。

3. 使用免许可证或自有许可频段

网络运营商为低功耗广域网技术许可新频谱的成本,与该技术的低成本部署、较短的产品上市时间以及优惠的客户订购方案等特点之间是相冲突的。因此,大多数低功耗广域网技术都考虑在免许可证频段中进行部署,包括工业、科学和医疗频段或电视白频谱。来自 3GPP 的低功耗广域网(标准 NB-IoT)可以使用移动运营商已经拥有的蜂窝频带,以避免额外的许可成本。但是,为了获得更好的性能、独立的许可频段,在这种趋势下,专有的低功耗广域网最终可能会遵循相关的标准和规范,以避免由于使用共享频谱的连接设备的数量增加而导致的性能下降。

5.2.4 可扩展性

支持大量发送低流量的技术是低功耗广域网的关键技术之一。这些技术需要适应连接设备数量和密度的增加。以下是应对这种可扩展性问题的几种技术。

1. 多样性技术

为了适应尽可能多的连接设备,有效利用信道,时间、空间和硬件的多样性至关重要。由于终端设备的低功耗和低成本特性,其中大部分是通过低功耗广域网中更强大的组件(如基站和后端系统)的合作来实现的。低功耗广域网技术采用多信道和多天线通信来并行传输到所连接的设备。此外,通过使用多信道并行冗余传输,使通信更能抵御干扰。

2. 致密化

为了应对某些区域中终端设备密度的增加,低功耗广域网(如传统的蜂窝网络)将采用基站的密集部署。然而,这样的密集部署需要确保在终端设备和密集部署的基站之间不会造成太多干扰。需要进一步研究用于低功耗广域网的新兴致密化方法,因为现有的蜂窝技术依赖于良好的小区内和小区之间协调的无线电资源管理,对于大多数低功耗广域网技术而言这是不正确的。

3. 自适应信道选择和数据速率

低功耗广域网系统不仅应随着连接设备数量的增加而扩展,而且应优化各个链路以实现可靠和节能的通信。通常优化链路可通过调整调制方案或控制自适应传输功率来实现,其目的是选择更好的信道,从而能够实现信号远距离传输。

自适应信道选择和调制的可能范围取决于基础的低功耗广域网技术。诸如链路不对称和最大可允许无线电占空比等因素可能会限制非常稳健的自适应机制。在基站不能提供关于上行链路通信质量的反馈或通知终端设备调整其通信参数的情况下,终端设备采用非常简单的机制来改善链路质量。这种机制包括经常在多个随机选择的信道上多次发送相同的分组,期望至少有一个副本能够成功到达基站。这种机制可以有效地增强上行链路通信的可靠性,同时保持终端设备的复杂性和低成本。在某些下行链路通信可以调整上行链路参数的情况下,为了提高通信的可靠性和有效性,基站或后台系统在选择最优参数(如信道或者最优数据速率)上,扮演了一个重要的角色。

总之,网络可扩展性和低成本终端设备的简单性之间存在明显的权衡。大多数低功耗广域网技术允许低功耗终端设备以不协调和随机的方式访问有限的无线电资源,从而限制网络可以支持的设备数量。最近越来越多的研究揭示了低功耗广域网的可扩展性的实际限制。

5.2.5 服务质量

低功耗广域网技术针对具有不同要求的各种应用程序。在一种极端情况下,它可以是对延迟容忍的智能计量类的应用程序,而在另一种情况下,它应该在最短的时间内提供家庭安全应用程序生成的警报。因此,网络应该在相同的底层低功耗广域网技术上提供某种 QoS。对于可以在低功耗广域网和移动宽带应用之间共享基础无线电资源的蜂窝标准,应该定义用于不同业务类型的共存的机制。目前,低功耗广域网技术不提供 QoS 或限制 QoS。

5.3 LoRa 技术

LoRa 技术是用于创建远程通信链路的物理层或无线调制。许多传统无线系统使用 FSK 调制作为物理层,因为它是用于实现低功率的非常有效的一种调制方式。LoRa 技术基于 CSS 调制,保持与 FSK 调制相同的低功率特性,但显著地增加了通信范围。由于可以实现长距离通信并且其干扰具有鲁棒性,CSS 调制已经在军事和空间通信中使用了数十年,但是 LoRa 技术是商业用途的第一个低成本实现技术。LoRa 技术是一种新兴技术,正在迅速崛起。LoRa 技术满足电池供电的嵌入式设备的这些需求,是一种远程低功耗技术。

5.3.1 LoRa 技术与现有技术比较

目前,有许多不同的技术用于物联网,每种技术都有自己的优点和缺点。由于应用的要求不同,一项技术无法满足物联网的所有应用要求。没有技术可以说是最好的技术,每种技术在不同的应用方面都与其他技术不同,应用的要求和用途也各不相同。根据应用特定的要求,可以从现有技术中选择最适合的技术。

WiFi 技术、蓝牙技术、ZigBee 技术等,这些都是近几年广泛应用的技术,可用于物联网应用中。但在所有这些技术中,电池寿命都是一个主要的问题。LoRa 技术为物联网、智慧城市、和工业应用提供了安全的、双向的、低成本的移动通信。表 5-1 是现有网络技术的比较。

表 5-1 现有网络技术的比较

网络名称	局域网	低功耗广域网	蜂窝网
网 络 模 式	短距离通信	物联网	传统 M2M
优点	完善的建立标准	功耗低、成本低、定位精度高	覆盖广泛、数据速率高
局限性	电池寿命短、网络成本高	数据速率低、新兴的标准	不可自主部署、建网总成本高
代表网络技术	WiFi 技术、蓝牙技术等	LoRa 技术等	GSM、3G、4G 等

1. LoRa 技术与蜂窝网的对比

由 GSM、2G、3G、4G 组成的传统蜂窝网在生活中被广泛应用。这些网络模式都是完善的网络,但这些传统网络是为高数据吞吐量而构建的,因此这些并不能优化功耗。当少量数据传输频率较低时,这些技术会消耗太多功率,所以传统的蜂窝网并不是一个好的选择,网络总搭建成本非常高。随着 5G 技术的出现,许多蜂窝网运营商正在停止运行由 2G 提供的物联网设备的服务。LoRa 技术具有较低的功耗,并且非常适合于少量数据的长距离传输。

2. LoRa 技术与局域网的对比

局域网是一种广泛采用的标准,在有限的区域内使用,如建筑楼、学校、办公室、实验室等。局域网可以是有线的或无线的,以太网和 WiFi 技术都是局域网中常用的技术。局域网中使用的无线技术是 WiFi 技术,提供无线通信链接。WiFi 的通信范围通常是诸如建筑物、家庭、办公室之类的小区域,它有限的通信范围一般为 1 km 内的区域。然而,LoRa 技术提供了很大的范围,单个网关可以跨越 100 km 的区域。一方面,WiFi 的服务质量很差,WiFi 传输的大量数据难以完全被准确地区分以及分类,很多时候数据都没有被正确的接收器接收。另一方面,LoRa 技术具有合理的服务质量。WiFi 技术还有一个致命的缺点:任何人都可以在传输过程中干扰传输的数据,因此其安全性很低。相反地,LoRa 技术提供双 AES 加密。LoRa 技术基于 CSS 调制,对多径和衰落具有很强的抵抗力,因此它的安全性非常高。

3. LoRa 技术与 ZigBee 技术的对比

ZigBee 技术基于用于创建个人局域网的高级通信协议,由小型低功率数字无线电组成。这项技术最适合需要在很短距离内传输数据的小规模项目。它的通信范围是 10~100 m。ZigBee 技术实现远距离传输数据是基于将数据传输到许多中间设备的网状拓扑结构,消耗功率较大,因此不适合有低功率要求的应用。然而,LoRa 技术基于星形拓扑结构,避免了中间设备的数据传输,从而在很大程度上降低了功率消耗。相比于星形拓扑结构来说,网状拓扑结构适用于中短距离通信,因此不具备远程传输能力。

4. LoRa 技术与 NB-IoT 技术的对比

NB-IoT 技术代表窄带物联网(5.4 节会对此进行主要介绍)。NB-IoT 技术和 LoRa 技术都是正在兴起的重要技术。由于每种技术都有各自的优点和缺点,它们都适合基于其功能的不同应用。LoRa 技术基于 ALOHA 协议且是异步的,而 NB-IoT 技术基于 FDMA。NB-IoT 技术需要频繁的同步,这导致比 LoRa 技术更高的电池消耗。但 NB-IoT 技术与 LoRa 技术相比,延迟更低且数据速率更高。因此,那些需要低延迟且需要高数据速率的应用可以使用 NB-IoT 技术,而具有较低数据速率要求的应用可以选择 LoRa 技术。LoRa 技术更适合物联网行业,而 NB-IoT 技术更适合个人和公共物联网。图 5-2 显示了 NB-IoT 技术与 LoRa 技术在各个方面的差异。

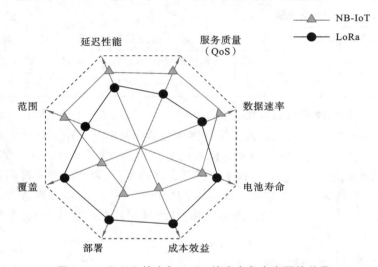

图 5-2　NB-IoT 技术与 LoRa 技术在各个方面的差异

5.3.2　LoRa 网络架构

LoRa 网络架构是一个提供长距离通信链路的物理层。通过向其添加介质访问控制层,形成了 LoRaWAN 规范,定义了网络架构和通信协议。LoRa 网络架构如图 5-3 所示。LoRaWAN 规范是标准化的,由 LoRa 联盟维护。

大多数现有技术都基于网状拓扑结构。在网状拓扑结构中,基础设施节点连接到尽可能多的节点,并且彼此协作以传输数据。在网状拓扑结构中,每个节点都可能从其他节点接收和转发与其无关的数据,这大大增加了传输范围,但也增加了复杂性并缩短了电池寿命。然而,在星形拓扑结构中,桥接器或交换机直接连接到桥接器的一小部分桥接器或交换机,降低了网络的复杂性,由此提供了分层基础结构。LoRaWAN 基于星形拓扑结构,与传统的网状拓扑结构相比,它大大降低了功耗和延长了电池寿命。

LoRa 网络主要包括了四个基础的元素:LoRa 终端节点、网关/集中器、网络服务器和应用服务器。

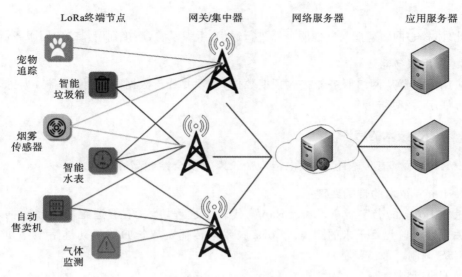

图 5-3 LoRa 网络架构

1. LoRa 终端节点

LoRa 终端节点包括传感器或应用，进行传感和控制。这是嵌入式系统的核心，包括智能水表、烟雾传感器、气体监测等应用。LoRa 终端节点将数据包异步地广播到网络中，遵循 ALOHA 网络规范，保证终端设备在大部分时间处于空闲模式，从而减少功耗。

2. 网关/集中器

网关/集中器包括 LoRa 网络的网元，网络中有很多个网关，每个网关都连接到每个端节点。节点发送的数据被发送到所有网关，并且接收信号的每个网关通过蜂窝网、以太网、卫星或 WiFi 将其发送到基于云的网络服务器。网关可以是微网关或微微网关，微网关用于公共网络以提供城市或全国覆盖，微网关提供高覆盖率；而微微网关用于难以到达的密集区域以提高服务质量和网络容量。辐射范围内光的全向和多向天线都用在 LoRa 网关中。

3. 网络服务器

核心网络是 LoRaWAN 系统的重要部分。网络服务器承载了所有需要智能管理的网络，从不同网关接收的数据经过过滤、安全检查、自适应速率等操作后被发送到网关。网络服务器的功能包括以下方面。

（1）信息合并：网络服务器接收来自多个网关相同数据包的多个副本。网络服务器管理这些数据包，将其记录下来并分析数据包的接收质量，然后通知网络控制器。

（2）路由：对于下行链路，网络服务器根据先前传送数据包的链路质量指示、RSSI 和信噪比（Signal to Noise Ratio，SNR）计算出网络服务器到终端节点的最佳路由。

（3）网络控制：链路质量有助于帮助某个终端节点实现自适应数据速率（Adaptive Data Rate，ADR），决定最相关的通信速度或扩频因子。

（4）网关和网络监控：网关通过已经加密的 IP 链路连接到网络服务器。网络包含网关管理和监控接口，允许网络运营商管理网关、处理故障情况、监控告警和其他一些功能。

此外,核心网络还能与其他服务器进行通信,组织漫游,连接到用户的应用服务器等。

4. 应用服务器

应用服务器从网络服务器接收预期数据,管理并分析数据,利用传感器数据进行应用状态展示、及时告警等。

5.3.3 LoRa 技术的特性

LoRa 技术具有传输距离长、电池寿命长以及安全性能高等特性。

1. LoRa 技术的传输距离

正如 LoRa 的名字所意,Long Range 代表了远程协议,能够远距离传输数据。单个网关可以覆盖几百千米的距离。LoRa 技术的传输距离长归功于其链路预算和它采用的 CSS 调制。

1)CSS 调制

LoRa 技术采用 CSS 调制技术。由于其强大的性质和远程能力,该技术在军事和空中通信中使用了数十年。现在此项技术在商业上用于 LoRa 通信,对多径和衰落具有免疫力。CCS 调制具有低功率传输要求,啁啾信号是一种频率随时间增加或减少的信号,因此,啁啾信号可以是向上啁啾和向下啁啾。

在 CCS 调制中,将有用数据信号与啁啾信号相乘,将带宽扩展到原始数据信号的带宽之外。在接收器端,接收信号与本地产生的线性调频信号的副本重新相乘,这会将调制信号压缩回原始带宽,降低了噪声和干扰。

CCS 调制数据速率可表示为

$$R_b = SF * \frac{BW}{2^{SF}} \tag{5-1}$$

式中,R_b 为数据速率;SF 为扩频因子;BW 为带宽。

信号带宽的增加提供了长距离传输的无差错数据。从 CCS 调制信号与频移键控调制信号的灵敏度的比较看出,CCS 调制信号的灵敏度远高于频移键控调制信号的灵敏度。

2)链路预算

链路预算是传输系统中所有收益和损失的核算,体现为接收器端接收的功率。LoRa技术的链路预算高于任何其他的现有技术。链路预算在很大程度上影响其传输距离的范围。

网络的链路预算可以表示为

$$P_{RX} = P_{TX} + G_{SYSTEM} - L_{SYSTEM} - L_{CHANNEL} - M \tag{5-2}$$

式中,P_{RX} 为接收功率;P_{TX} 为发送功率;G_{SYSTEM} 为系统增益。如与定向天线等相关的系统增益;L_{SYSTEM} 为与系统相关的损耗,如馈线、天线等;$L_{CHANNEL}$ 为由传播信道引起的损耗;M 为衰落余量。

LoRa 技术的链接预算很高,反过来又说明了它的灵敏度很高。目前,用于物联网连接的大多数技术都使用 FSK 调制。当 LoRa 信号的数据速率等于 FSK 信号的数据速率的 4 倍时,LoRa 信号提供相似或相等的灵敏度。因此,LoRa 技术可以覆盖比任何其他技术更远的距离。

2. LoRa 技术的电池寿命

嵌入式设备最重要的标准是其电池寿命。大多数嵌入式设备需要与附近的其他设备进行通信,这消耗非常多的能量。嵌入式设备大多数都是电池供电的,因此,这些嵌入式设备的基本要求是其电池寿命尽可能更长。用于创建物联网嵌入式设备的大多数协议或技术都需要消耗非常多的能量,电池寿命会减短。LoRa 技术优化了设备中的电池消耗,最适合电池供电的嵌入式设备。与所有现有技术相比,LoRa 技术消耗的能量最少。

LoRa 技术的低电池消耗是由于网络中其节点的异步通信。在 LoRa 网络中,无论是能量驱动还是调度,节点仅在有数据要发送时才进行通信。LoRa 网络遵循 ALOHA 协议,在 ALOHA 协议中,仅当有数据要发送时才发送帧,否则不发送帧。如果成功接收到帧,则发送另一帧;如果没有接收到帧,则重新发送相同的帧。此外,大多数其他技术是网状拓扑结构或采用同步通信,其节点必须唤醒并且不时地同步,这会消耗更多能量。

3. LoRa 网络的容量

LoRa 网络采用星形拓扑结构。LoRa 网络网关从大量节点接收数据,因此网关必须具有很高的容量。网关的高容量通过自适应数据速率和网关上的多通道、多调制解调收发器来实现。多通道、多调制解调收发器能够从多个网关同时接收信息。

ADR 算法是一种优化网络中数据速率、减少空中时间和能量消耗的机制。静态节点使用 ADR 算法。节点是否使用 ADR 算法取决于节点自身。在 ADR 算法中,节点的数据速率由网络管理。当节点决定使用 ADR 算法时,它会在上行链路传输中将 ADR 位设置为 1。当网络获得节点要使用 ADR 算法的信号时,网络会收集信噪比、数据速率、接收数据的网关数量和最近 20 次来自特定节点传输的信号强度。基于该数据,网络决定它可以增加多少数据速率和降低多少传输功率,这减少了空中时间并优化了传输功率,换句话说,减少了电池消耗。这整个过程都使用了 ADR 算法。一个节点也许在某次时间是静态的,在某次时间是移动的,因此 ADR 算法也可用于在给定时间停放在固定地点的移动节点。

4. LoRa 技术的安全性

LoRa 技术的安全性是通过 AES 加密和 IEEE 802.15.4/2006 附件 B 实现的。虽然大多数技术都采用单层安全性,但 LoRa 网络包含两层安全性:网络安全性和应用程序安全性。网络安全性用于验证网络中的节点,而应用程序安全性保护来自网络运营商的最终用户应用程序数据。LoRa 技术使用两个密钥来确保安全性和真实性:网络会话密钥(NwkSKey)和应用会话密钥(AppSKey)。

要使终端设备加入网络,必须对其进行激活和验证。该技术有两种认证和激活方法:空中激活(Over the Air Activation,OTAA)、个性化激活(Activation by Personalization,ABP)。

1) OTAA

在 OTAA 这种类型的终端设备激活中,终端设备不具有任何信息的个性化。为终端设备加入任何网络的连接过程:在加入网络之前,终端设备加载了信息;当会话上下文信息丢失时,必须对网络上的每次传输重复这一过程。此过程确保终端设备不限于任何特定服务提供商,并且可以在漫游时加入任何网络服务提供商。

2）ABP

在 ABP 这种类型的终端设备激活中,终端设备已经存储了激活所需的信息。当终端设备启动时,终端设备直接加入信息中定义的特定网络。

ABP 不经常使用,仅在某些特定情况下使用。常用的个性化方法是 OTAA。在 ABP 中,简单地在终端设备和网络之间发送加入请求和加入接收信息,以便终端设备激活。NwkSKey 和 AppSKey 必须特定于每个终端设备。除了作为激活方法之外,这两种方法还需通过网络提供真实性和安全性。

5. 服务质量

服务质量是网络整体性能的考虑因素。它基于各种参数,如数据速率、抗干扰性、吞吐量、丢包率等。基于 CCS 扩频技术的 LoRa 技术提供了相当好的服务质量,不受干扰、多径和衰落的影响。

在无线网络中,随着设备之间的距离增加,信号强度会降低。为了解决这个问题,通常在一段距离内安装中继器或在网状拓扑结构中增加节点。但是安装更多中继器或节点的成本非常高。然而对于 LoRa 技术,具有不同序列的那些信号将在网络协调器处被视为噪声,协调器附近的节点可以以更高的数据速率进行传输,而远离协调器的节点可以减少带宽。

5.3.4 LoRa 技术的 MAC 协议

LoRa 技术定义物理链路层,而 LoRaWAN 技术定义通信协议和网络架构。LoRa 网络中的终端设备具有不同的要求并且服务于不同的应用。LoRa 网络中的终端设备根据其电池寿命和下行链路通信延迟分为三个基本类别:A 类、B 类、C 类。

1. A 类双向终端设备

A 类双向终端设备是最低功耗的终端设备。该类双向终端设备下的设计遵循 ALOHA 协议。这些设备具有一个上行传输时隙和两个下行链路接收时隙。A 类双向终端设备接收时隙图如图 5-4 所示。

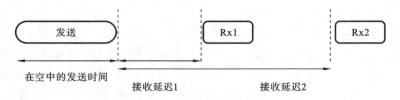

图 5-4 A 类双向终端设备接收时隙图

首先,A 类双向终端设备发送上行链路信息,并打开两个接收时隙。第一个接收时隙在 ±20 μs 的延迟后打开。下行链路数据速率和下行链路频率是上行链路数据速率和上行链路频率的函数。同样,在延迟 ±20 μs 之后,打开第二个下行链路接收窗口。此时隙中的数据速率和频率是可配置的,可以使用 MAC 命令配置它们。只有在这两个接收时隙中,服务器才能发送数据。如果服务器要发送更多数据,则必须等待来自终端设备的下一个上行链路传输,该类双向终端设备只能由那些需要发送小数据的应用程序使用,并且只有当终端设备发送上行链路信息后才能发送数据。

接收窗口的持续时间必须足够长,能够让终端设备检测到下行链路信息的前导码。

一旦终端设备检测到前导码,它就会保持活动状态,直到接收到解调帧为止。终端设备可以在两个接收时隙的任何一个中接收数据,对其进行解调。如果数据是针对该终端设备,则终端设备不打开第二个接收时隙。如果网络必须进行下行链路传输,则在任何接收时隙的开始处开始传输。终端设备接收下一个链路信息,需要它已经在先前上行链路传输的两个接收时隙的任何一个中接收到信息或者直到接收时隙到期为止。

2. B 类双向终端设备

B 类双向终端设备中,除了有 A 类的随机接收时隙之外,还有附加的调度接收时隙。因此,B 类接收时隙多于 A 类的,它们在预定时间打开。网关将调度的信标发送到终端设备,以便终端设备定期打开其附加接收时隙,服务器就会知道终端设备正在监听,额外的时隙称为 ping(下行链路通信称为 ping)时隙。除了从终端设备到服务器的上行链路传输之后的可用的 A 类时隙之外,在可预测的时间需要额外的接收时隙时使用该类双向终端设备。

在该类双向终端设备中,所有网关同步地将信标发送到终端设备。终端设备在指定时间打开称为 ping 时隙的接收时隙。然后,网络将数据发送到指定时隙的终端设备。网络根据来自终端设备的上行链路的最后更新的信号强度来选择用于下行链路通信的网关,如果终端设备移动并发现信号强度的任何变化,它应该在上行链路传输中通知网络,网络将在数据库中更新它。每个设备加入时都是先为 A 类,然后转换为 B 类。

3. C 类双向终端设备

与 A 类双向终端设备和 B 类双向终端设备不同,C 类双向终端设备始终打开接收时隙,仅当终端设备正在发送数据时,接收时隙才会关闭。由于 C 类双向终端设备的接收时隙始终打开,因此它比 A 类和 B 类消耗更多的功率,但是 C 类双向终端设备提供了最低的通信延迟。C 类双向终端设备只能用于那些没有任何功率限制的设备。C 类双向终端设备接收时隙图如图 5-5 所示。

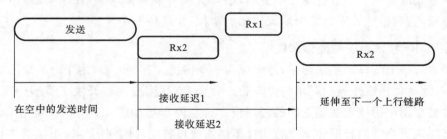

图 5-5 C 类双向终端设备接收时隙图

C 类双向终端设备在 A 类双向终端设备发送和接收时隙 1 中开放一个接收时隙 2,当接收时隙 1 关闭时,接收时隙 2 再次打开,直到下一个发送或接收。当在通常的 A 类时隙中没有发送或接收时,接收时隙 2 一直处于打开状态,直到下一个发送或接收。C 类双向终端设备始终打开接收时隙 2,因此其终端设备可以从服务器接收数据。C 类双向终端设备比 A 类和 B 类需要更多的功耗。

5.3.5 LoRa 技术的应用

LoRa 技术是为物联网应用而开发的。LoRa 网络可以间隔地传输少量数据。所以需要传输少量数据的应用可以选择 LoRa 技术,如用于车辆到基础设施之间传输的应用。另外,LoRa 技术还可用于智能电表、传感器、智慧城市、智能路灯、医院管理、机场管理等,这些应用都只需要每隔一段时间传输少量数据。那些数据速率很高的应用,如音频和视频,无法使用 LoRa 技术。但是这种技术仍然可以用于需要指示视频捕获数据的音频和视频等。

1. LoRa 技术用于智能路灯

LoRa 技术可用于智能路灯,使用 LoRa 模块实现路灯的自动化。智能路灯实现框图如图 5-6 所示。

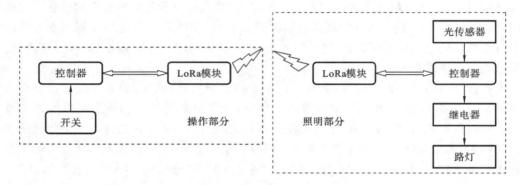

图 5-6　智能路灯实现框图

该系统的一个开关和 LoRa 模块集成在操作部分的控制器上,另外的一个 LoRa 模块、光传感器、继电器和路灯集成在照明部分的控制器上,采用开关操作部分路灯。通断信号通过位于两侧的 LoRa 模块传输到照明部分,在照明部分接收开关信号,从而打开或关闭路灯。照明部分也可以根据周围环境自动操作,通过放置在照明部分的光传感器测量光的强度。随着夜晚光线变暗,路灯亮度可以缓慢增加,在黎明后,路灯亮度缓慢降低,直到路灯关闭。整个系统优化了功耗,并且易于部署。

2. LoRa 技术用于智能停车场

随着道路上的车辆越来越多,停车成为一个困扰。有些时候,由于现场周围的停车位紧凑,驾驶员很难注意到可用的停车位。目前,有很多公司都开发了智能停车场,帮助驾驶员使用可用技术找到正确的停车位。智能停车场如图 5-7 所示。使用 LoRa 技术可以实现更高效的智能停车。智能停车场需要以特定时间间隔传输小数据并且还需要覆盖如城市一样广的距离,LoRa 技术很好地满足了这一点。

LoRa 传感器可以检测停车位是否已满,并通知正在寻找停车位的驾驶员。这可以显著地减少搜索地点的时间,因为可以事先通知驾驶员有关停车位的可用性。该系统还可以实时监控所有停车位,这类系统可以减少因寻找停车位过程中车辆尾气排放造成的污染。

3. LoRa 技术用于精神障碍患者跟踪和监测

作为一个人口大国,目前我国各类精神障碍患者人数超过 1 亿人,其中 1600 万人是重精神障碍患者。这些精神障碍患者的诊治与康复主要在医院或者社区进行。阿尔茨海默病同属精神障碍,中国作为世界上阿尔茨海默病患者最多的国家,预计 2040 年

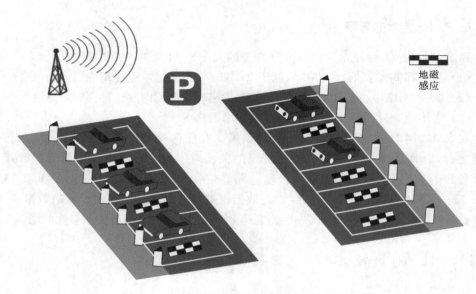

图 5-7　智能停车场

将达到 2200 万。阿尔茨海默病患者大多数在养老院中被照料。随着精神障碍患者的增多,医疗资源越来越紧张,这给医护人员和社会带来了一大负担:如何随时随地看护这些"特殊人群"。

市面上已经出现了大量的防走失定位器,但其多采用 WiFi/蓝牙技术,致使其只能保证 10 h 的持续工作,需要医护人员对设备进行频繁的充电,且其覆盖范围不大、不能够远距离使用,这给医护人员带来了不必要的麻烦。

用于跟踪和监测精神障碍患者的 LoRa 系统是一种基于 LoRa 网络的物联网系统。它由安装在患者身上的 LoRa GPS 追踪器以及安装在医院和其他公共场所的 LoRa 网关组成。LoRa 网关通过 WiFi 网络作为通信介质连接到本地服务器和云服务器。用于跟踪和监测精神障碍患者的 LoRa 系统结构如图 5-8 所示。

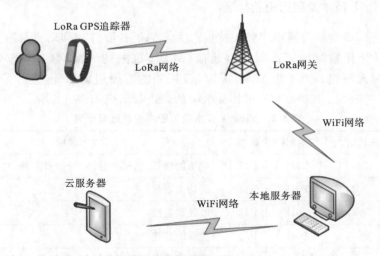

图 5-8　用于跟踪和监测精神障碍患者的 LoRa 系统结构

5.3.6　LoRa 技术的局限性

LoRa 技术跟其他技术一样也有其自身的局限性，主要体现在以下方面。

（1）只有那些需要低数据速率（低于 27 Kb/s）的应用才能使用它。

（2）LoRa 网络中占空比的使用限制了在特定时间范围内发送"信息"的数量。

（3）它不适合对时延有高要求的实时应用程序。

在 LoRa 网络中，所有类都始终先确认帧。在任何接收窗口中由终端设备收到确认帧之后，LoRa 网络存在符合占空比规则的关闭时间段，因此，为了避免容量消耗，终端设备和 LoRa 网络必须限制确认传输。同样，在 LoRa 网络中，在一个子频带传输数据后，有一个关闭期，在该段时间内，没有数据将被发送到该特定信道。发送数据和不发送数据的时间段的比值为占空比。因此，在 LoRa 技术中，网络容量受占空比的限制。

5.4　NB-IoT 技术

NB-IoT 技术是由 3GPP 提出的用于智能低数据速率应用的数据感知和获取的大规模低功率广域网技术，其典型的应用是智能计量和智能环境监测。NB-IoT 支持大规模连接、超低功耗、广域覆盖以及信令平面和数据平面之间的双向触发。此外，蜂窝网支持 NB-IoT 网络业务。因此，NB-IoT 技术是一项有前景的技术。

低功耗广域网市场已经存在了大约 10 年。支持该市场的当前技术是分散的和非标准化的，因此具有可靠性差、安全性差、运营和维护成本高的缺点。此外，新的覆盖部署也很复杂。

NB-IoT 技术克服了上述这些缺点，广域网络无处不在，现有网络快速升级，具有低功耗、10 年电池寿命、高耦合、低成本终端、即插即用、高可靠性和高载波等优点。

NB-IoT 技术通过超低成本（5 美元）模块和超链接（50 K/cell），使运营商能够运营智能计量、跟踪等传统业务，同时也开辟了更多领域，如智慧城市、智能医疗等。

5.4.1　NB-IoT 技术发展历史和标准

长期以来，蜂窝移动通信主要支持以人为本的语音服务和移动宽带服务。自 2005 年以来，3GPP 开始对用于机器类型通信（MTC）服务的蜂窝网（如 GSM、UMTS 和 LTE）进行深入研究。为了让 MTC 成为 5G 网络的重要组成部分，进行了很多相关的可行性和改进研究。NB-IoT 技术相关版本的改进与研究如表 5-2 所示。

表 5-2　NB-IoT 技术相关版本的改进与研究

标准号	开始时间	结束时间	版本	技术领域
33.889	2014	2015	R13	组功能增强、增强型监控、开放服务能力
23.769	2014	2015	R13	组功能增强
23.789	2014	2015	R13	增强型监控
23.770	2014	2015	R13	扩展的非连续接收
43.869	2014	2015	R13	典型使用案例和服务模型、无线接入网的终端功率消耗优化设计增强

续表

标准号	开始时间	结束时间	版本	技术领域
45.820	2014	2016	R13	增强室内覆盖、支持大规模小型数据终端、更低的终端复杂性和成本、更高的功率利用率、支持各种延迟功能、现有系统兼容性、网络系统结构（NB-IoT 原型）
22.861	2016		R14	典型使用案例和 mMTC 的服务要求
22.862	2016		R14	典型使用案例和 mMTC 的服务要求

　　基于 MTC 的早期部署，3GPP(R8～R11)的初步工作主要集中在数据和信令平面的过载和拥塞，以及在众多终端同步接入网络期间资源短缺的编号和寻址等问题。在进一步完善和指定 MTC 服务的需求和功能之后，在 R12 中，3GPP 宣布了与低成本 MTC 终端设计相关的 GSM 接入网络的增强以及对安全性和网络系统架构的要求。由非 3GPP 低功耗广域网技术（如 LoRa 技术和 Sigfox 技术）推动，在 R13 中，3GPP 为 MTC 设定了 5 个目标：增强室内覆盖、支持大规模小型数据终端、更低的终端复杂性和成本、更高的功率利用率和支持各种延迟功能。R13 还定义了 3 种新的窄带空中接口，包括兼容 GSM 的 EC-GSM-IoT、兼容 LTE 的 eMTC 和全新的 NB-IoT 技术。与非 3GPP LPWA 技术相比，3GPP LPWA 技术（由 NB-IoT 技术代表）由于其软件升级和在授权频带中部署的核心网络重用引起了工业界的更多关注。2015 年 2 月，中国 IMT-2020 工作组提出了 NB-IoT 技术的相关概念。从那时起，IMT2020 逐渐完善了技术方案，并在原理样机和终端芯片方面进行了开发。然而，受时间点限制，R13 仅为 NB-IoT 技术的长期视角提供了初步的原则框架。因此，R13 中仍需要改进许多功能。根据服务特征的典型用途和差异，R14 定义的 MTC 服务可以进一步分为两类：mMTC 和 uRLLC。此外，在 R13 的 5 个目标的基础上，R14 提出了支持本地化、多播、移动性、更高数据速率和链路自适应等方面的功能要求，以使蜂窝网拥有更适合的对象和应用范围。简而言之，3GPP 采用两步策略来应对 MTC 服务带来的技术挑战。第一步是过渡战略，旨在利用和优化现有网络和技术，以提供 MTC 服务。第二步是基于为 NB-IoT 技术引入新的空中接口技术的长期战略，以支持 MTC 服务的大规模增长并保持其对非 3GPP LPWA 技术的核心竞争力。

5.4.2　NB-IoT 技术特性

　　NB-IoT 技术的特性主要为了实现低功耗、广覆盖、延长电池寿命的目标。本小节重点介绍实现目标的关键技术。

1. 低功耗

　　NB-IoT 技术使用了省电模式（Power Saving Mode，PSM）和扩展型非连续接收（extended Discontinuous Reception，eDRX），可以实现更长的待机时间。其中，R12 新增了 PSM，在省电模式下终端仍然注册在线但是信令不能到达，这使得终端具有更长的深度睡眠时间以实现省电。另一方面，R13 新增了 eDRX，进一步扩展了空闲模式下终端的睡眠周期，减少了不必要的接收单元启动。与 PSM 相比，eDRX 显著提升了下行链路可访问性。PSM 和 eDRX 的省电机制如图 5-9 所示。下面将具体介绍 PSM 和 eDRX。

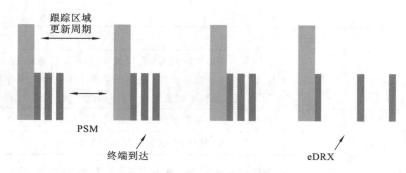

图 5-9　PSM 和 eDRX 的省电机制

1）PSM

NB-IoT 系统在空闲状态下再增加一个新的 PSM。在此状态下，UE 射频被关闭，相当于关机状态，但是核心网侧还保留着用户上下文，用户进入空闲状态或连接状态时，无须再进行附着分组数据网络的建立。

在 PSM 中，下行数据不可达，数字数据网络（Digital Data Network，DDN）到达 MME 之后，MME 通知 SGW 缓存用户下行数据并延迟触发寻呼；当上行有数据/信令需要发送时，触发 UE 进入连接状态。

当 UE 处于 PSM 时，不再监听寻呼信息，并且停止所有接入层的活动。如果有被叫业务，网络需要支持高时延通信（High Latency Communication，HLC）功能。为了支持 PSM，UE 在每一次附着或跟踪区更新（Tracking Area Update，TAU）时向网络请求激活定时器（Active Timer，AT）的时长。

核心网和 UE 负责协商 UE 何时进入 PSM 以及在 PSM 中驻留的时长。如果设备支持 PSM，在附着或 TAU 过程中，向网络申请一个 AT。当设备从连接状态转移到空闲状态时，该 AT 开始运行；当 AT 超时时，用户设备进入省电模式。

进入省电模式后用户设备不再接收寻呼信息，看起来设备和网络失联，但设备在网络中仍然注册。UE 进入 PSM 后，只有在 UE 需要终端发送数据或者周期 TAU 定时器超时后需要执行周期 TAU 时，才会退出 PSM。

PSM 的优点是可进行长时间休眠，缺点是对终端终止接收业务响应不及时，主要应用于远程抄表等对下行实时性要求不高的业务。实际上，物联网设备的通信需求与手机是不同的，也正因为如此，才可以设计成 PSM。物联网应用大多是发送上行数据包，并且是否发送数据包由 UE 来决定，不需要随时等待网络的呼叫，但是手机则需要时时等待网络发起的呼叫请求。如果按照 2G、3G、4G 的方式设计物联网通信方式，则意味着物联网的设备行为也与手机一样，会浪费大量的功耗在监听网络随时可能发起的请求上，这样就无法做到较低的功耗。

基于 NB-IoT 技术，物联网终端在发送数据包之后，立刻进入一种休眠状态，不再进行任何通信活动，等到它有上报数据请求的时刻，才会唤醒自己，随后发送数据，然后又进入休眠状态。按照物联网终端的行为习惯，大约有 99% 的时间处在休眠状态，这样就会使 UE 的功耗非常低。

如果网络支持并接受 UE 的省电模式请求，网络侧会确认省电模式，并根据 UE 提供的激活定时器的时长、归属签约用户服务器（Home Subscriber Server，HSS）可能提供的可达性定时器的时长及 MME 本地配置的时长来决定给 UE 分配多长的活动时间。

PSM 工作原理如图 5-10 所示,如果有上行数据或信令信息要发送(如周期性的 TAU),UE 才进入连接状态,因此,PSM 只适合于不频繁传输数据的业务,并且寻呼业务能接受相应的时延。如果 UE 想更改激活定时器的时长,则可通过 TAU 来实现。

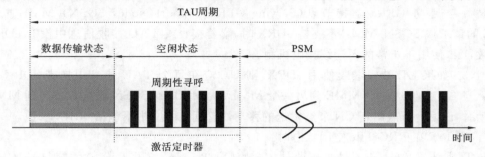

图 5-10   PSM 工作原理

2) eDRX

eDRX 作为 R13 中新增的功能,主要目的是支持更长周期的寻呼监听,从而达到省电的目的。传统的 2.56 s 寻呼间隔对 UE 的电量消耗较大,而当下行数据发送频率低时,通过核心网和用户终端的协调配合,用户终端跳过大部分的寻呼监听,从而达到省电的目的。用户终端和核心网通过附着与 TAU 过程来协商 eDRX 的长度。

eDRX 大幅提升了下行通信链路的可到达性,但是相对于 PSM,节点效果更差。

在空闲状态时,UE 主要是监听寻呼信道和广播信道。如果要监听数据信道,必须从空闲状态切换到连接状态。寻呼 DRX 由非接入层(Non-Access Stratum,NAS)控制,并对周期进行了扩展,以便支持在覆盖增强场合下的寻呼信道接收。

在连接状态时,有可能覆盖增强,重复发送的次数由 eNB 基站动态配置,因此,eDRX 的定时器全部采用 PDCCH 时间间隔,取消了 DRX 短周期的功能。如果数据传输超时,则用户终端启动 eDRX 定时器。eDRX 的省电模式如图 5-11 所示。

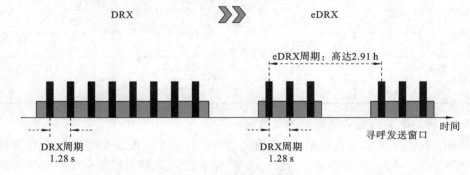

图 5-11   eDRX 的省电模式

注意,eDRX 周期由 MME 根据 UE 服务类型来决定。

为了协助基站 eNB 寻呼 UE,MME 在寻呼信息中携带 eDRX 周期。如果 eDRX 周期为 5.12 s,则网络使用正常的寻呼策略。如果 eDRX 周期不小于 10.24 s,则网络使用下述机制。

（1）如果 UE 决定请求 eDRX，则 UE 在附着请求或 TAU 请求信息中携带请求使用的 eDRX 参数，包括空闲状态 DRX 周期等。

（2）MME 决定是否接受或拒绝 UE 激活 eDRX 的请求。当接受时，MME 基于运营商的策略，可以向 UE 提供不同于其请求的 eDRX 参数，同时还向 UE 提供寻呼时间。如果 MME 接受使用 eDRX，则 UE 应根据接收到的 eDRX 和寻呼时间使用 eDRX。当服务 GPRS 支持节点（Serving GPRS Support Node，SGSN）/MME 拒绝 UE 的请求或 SGSN/MME 不支持 eDRX 时，附着接收或 TAU 接收信息中没有 eDRX 参数，UE 使用不正常的不连续接收机制。

（3）如果 UE 希望继续使用 eDRX，则 UE 应在每个 TAU 信息中携带 eDRX 参数。当 UE 发生从一个 MME 到另一个 MME、从 MME 到 SGSN 或从 SGSN 到 MME 移动时，旧 CN 节点向新 CN 节点发送的移动性管理上下文中不包括 eDRX 参数。

NB-IoT 在 RRC_Idle 空闲状态时：

① 默认寻呼的 DRX 最小周期是 128 帧（1.28 s），最长周期是 1024 帧（10.24 s），包括 128 个、256 个、512 个、1024 个无线帧；

② 默认寻呼的 eDRX 最小周期是 2 个超帧（20.48 s，一个超帧等于 1024 帧），最长周期是 1024 个超帧（约为 2.91 h），包括 2 个、4 个、6 个、8 个、10 个、12 个、14 个、16 个、32 个、64 个、128 个、256 个、512 个、1024 个超帧。

在 eDRX 状态下，UE 收听寻呼的时间间隔相比 DRX 状态扩大了很多，最长时间间隔可以达到 2.91 h，即 UE 可以每 2.91 h 收听一次寻呼，以达到省电的目的。

NB-IoT 技术的要求对于典型的低速率、低频率服务，定容电池的终端使用寿命为 10 y。根据 TR45.820 的模拟数据，对耦合损耗为 164 dB 并同时使用 PSM 和 eDRX 机制的终端设备，如果终端每天发送一次 200 B 的信息，5 Wh 电池的使用寿命可以是 12.8 y，不同条件下的电池寿命如表 5-3 所示。

表 5-3 不同条件下的电池寿命

信息大小/信息间隔	电池寿命/y		
	耦合损耗=144 dB	耦合损耗=154 dB	耦合损耗=164 dB
50 B/2 h	22.4	11.0	2.5
200 B/2 h	18.2	5.9	1.5
50 B/1 h	36.0	31.6	17.5
200 B/1 h	34.9	26.2	12.8

2. 增强的覆盖范围和低延迟的灵敏度

根据 TR45.820 的仿真数据，可以确定 NB-IoT 技术的覆盖功率在独立部署模式下可以达到 164 dB。在华为发布的白皮书里，华为公司对带内部署和保护频带部署也进行了仿真测试。为了实现覆盖增强，NB-IoT 技术采用了重传和低频调制等机制。目前，对 16QAM 的 NB-IoT 技术支持仍在讨论中。对于 164 dB 的耦合损耗，如果提供可靠的数据传输，由于块数据的重传会导致延迟的增加。TR45.820 的仿真结果显示了可靠性为 99% 的前提下，不规则报告服务方案的延迟和不同的耦合损耗（报头压缩与否）如表 5-4 所示。目前，3GPP IoT 中的可容忍延迟为 10 s。事实上，还可以支持最大耦合损耗约 6s 的较低延迟。有关详细信息,可以参阅 TR45.820 的 NB-IoT 仿真结果。

表 5-4 不规则报告服务方案的延迟和不同的耦合损耗

处理时间	发送报告无报头压缩(100 B 负荷)			发送报告报头压缩(65 B 负荷)		
	耦合损耗/dB					
	耦合损耗 144 dB	耦合损耗 154 dB	耦合损耗 164 dB	耦合损耗 144 dB	耦合损耗 154 dB	耦合损耗 164 dB
Tsync/ms	500	500	1125	500	500	1125
TPST/ms	550	550	550	550	550	550
随机接入时间/ms	142	142	142	142	142	142
上行链路分配时间/ms	908	921	976	908	921	976
上行链路数据传输时间/ms	152	549	2755	93	382	1964
上行链路 ACK 应答时间/ms	933	393	632	958	540	154
下行链路分配时间/ms	908	921	976	908	921	976
下行链路数据传输时间/ms	152	549	2755	93	382	1964
总时间/ms	4245	4525	9911	4152	4338	7851

3. 传输模式

NB-IoT 技术的主要技术特征如表 5-5 所示,NB-IoT 技术的开发基于 LTE 技术。NB-IoT 技术的独特特性是在 LTE 技术的相关技术上进行修改。NB-IoT 物理层的射频带宽为 200 kHz。在下行链路中,NB-IoT 技术采用 QPSK 调制解调器和 OFDMA 技术,子载波间隔为 15 kHz。在上行链路中,采用 BPSK 和 QPSK 调制解调器和包括单个子载波和多个子载波的 SC-FDMA 技术。子载波间隔为 3.75 kHz 和 15 kHz 的单载波技术适用于具有超低速率和超低功耗的物联网终端。

表 5-5 NB-IoT 技术的主要技术特征

层	技术特性		
物理层	上行链路	BPSK 或 QPSK 调制	
		SC-FDMA 技术	单载波,载波间隔为 3.75 kHz 和 15 kHz;传输速率为 160~200 Kb/s
			多载波,载波间隔为 15 kHz;传输速率为 160~200 Kb/s
	下行链路	QPSK 调制	
		OFDMA 技术,子载波间隔为 15 kHz,传输速率为 160~200 Kb/s	
高层(物理层以上层)	基于 LTE 技术的协议		
核心网	基于 S1 接口		

对于 15 kHz 子载波间隔,定义了 12 个连续的子载波,因此,为 3.75 kHz 的子载波间隔定义了 48 个连续的子载波。多个子载波传输支持 15 kHz 的子载波间隔,这些子

载波被组合成 3、6 或 12 个连续的子载波。3.75 kHz 间距的子载波具有较高的功率谱密度,所以覆盖能力高于 15 kHz 间距。15 kHz 间距的电池容量是 3.75 kHz 间距的 92%,但调度效率和调度复杂性更高。由于窄物理随机接入信道(Narrow Physical Random Access Channel,NPRACH)必须采用间隔为 3.75 kHz 的单个子载波传输,因此对于上行链路,大多数设备优先支持间隔为 3.75 kHz 的单个子载波传输。在引入间隔为 15 kHz 的单个子载波传输和多个子载波传输之后,根据终端的信道质量自适应地进行选择。用于窄物理下行链路共享信道(Narrow Physical Downlink Share Channel,NPDSCH)传输的最小调度单元是资源块(Resource Block,RB),用于窄物理上行链路共享信道(Narrow Physical Uplink Share Channel,NPUSCH)传输的最小调度单元是资源单元(Resource Unit,RU)。在时域方面,对于单个子载波传输,当子载波间隔为 3.75 kHz 时,资源单元为 32 ms;当子载波间隔为 15 kHz,资源单元为 8 ms;对于多个子载波传输,资源单元组合成 3 个连续子载波的资源单元是 4 ms,组合成 6 个连续子载波的资源单元是 2 ms,组合成 12 个连续子载波的资源单元是 1 ms。

NB-IoT 高层(物理层以上)的协议是通过修改一些 LTE 特性来制定的,如多连接、低功耗和小数据。NB-IoT 核心网络通过 S1 接口连接。

4. 频谱资源

物联网是未来吸引更多用户群进入通信服务市场的核心服务网络,因此 NB-IoT 的发展得到了中国四大电信运营商(中国联通、中国电信、中国移动以及中国广电)的大力支持,它们拥有各自的 NB-IoT 频谱资源,各运营商的 NB-IoT 频谱资源划分如表 5-6 所示。目前,NB-IoT 已经实现商用。

表 5-6 各运营商的 NB-IoT 频谱资源划分

运营商	上行链路频带/MHz	下行链路频带/MHz	带宽/MHz
中国联通	909～915	954～960	6
	1745～1765	1840～1860	20
中国电信	825～840	870～885	15
中国移动	890～900	934～944	10
	1725～1735	1820～1830	10
中国广电	700	700	未分配

5. NB-IoT 的工作模式

根据 NB-IoT 的 RP-151621 的规定,NB-IoT 目前仅支持带宽为 180 kHz 的 FDD 传输模式和三种以下类型的部署场景,NB-IoT 的部署方式如图 5-12 所示。

(1)独立部署(独立模式),利用不与 LTE 频段重叠的独立频带。

(2)保护频带部署(保护频带模式),利用 LTE 的边缘频带。

(3)带内部署(带内模式),利用 LTE 频带进行部署,需要 1 个 PRB 的 LTE 频带资源。

6. NB-IoT 的帧结构

NB-IoT 基站的下行链路支持 E-Utran 无线帧结构,用于上行链路和下行链路的子

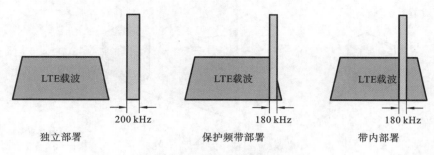

图 5-12　NB-IoT 的部署方式

载波间隔为 15 kHz 的 NB-IoT 帧结构如图 5-13 所示。上行链路也支持子载波间隔为 15 kHz 的无线帧结构。然而,对于 3.75 kHz 子载波间隔,定义了一种新的帧结构,用于上行链路子载波间隔为 3.75 kHz 的 NB-IoT 帧结构如图 5-14 所示。

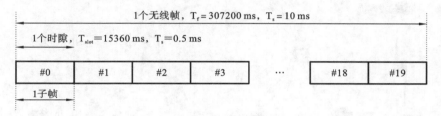

图 5-13　用于上行链路和下行链路的子载波间隔为 15 kHz 的 NB-IoT 帧结构

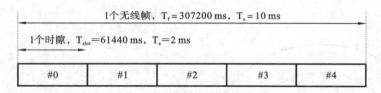

图 5-14　用于上行链路子载波间隔为 3.75 kHz 的 NB-IoT 帧结构

7. NB-IoT 网络

NB-IoT 网络由五部分组成,如图 5-15 所示。

(1) NB-IoT 终端。

只要安装了相应的 SIM 卡,所有行业的物联网设备都可以访问 NB-IoT 网络。

(2) NB-IoT 基站。

NB-IoT 基站主要指已经由电信运营商部署的基站,支持独立部署、保护频带部署、带内部署三种部署模式。

(3) NB-IoT 核心网。

通过 NB-IoT 核心网,NB-IoT 基站可以连接到 NB-IoT 云平台。

(4) NB-IoT 云平台。

NB-IoT 云平台可以处理各种服务,并将结果转发到垂直业务中心或 NB-IoT 终端。

(5) 垂直业务中心。

垂直业务中心可以在自己的中心获得 NB-IoT 服务数据并控制 NB-IoT 终端。

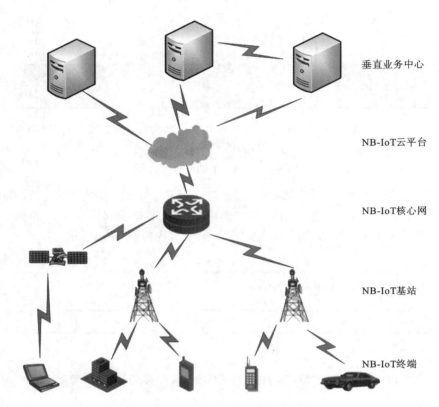

垂直业务中心

NB-IoT云平台

NB-IoT核心网

NB-IoT基站

NB-IoT终端

图 5-15　NB-IoT 网络

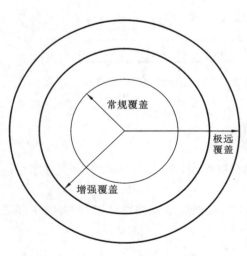

常规覆盖

极远覆盖

增强覆盖

图 5-16　NB-IoT 的覆盖等级

8. 半静态链路自适应

NB-IoT 网络的大多数目标服务场景是小分组传输，NB-IoT 很难提供长时间、连续的信道质量变化指示，因此 NB-IoT 引入三种覆盖等级且没有设计动态链路适应的方案。这三种覆盖等级包括常规覆盖、增强覆盖和极远覆盖，分别对应 144 dB、158 dB 和 164 dB 的最小耦合损耗（Minimum Coupling Losses，MCL），NB-IoT 的覆盖等级如图 5-16 所示。半静态链路自适应的实现是根据终端的覆盖等级来选择调制、编码模式和数据传输的重复次数。NB-IoT 基站支持配置一个参考信号接收功率（Reference Signal Receiving Power，RSRP）列表，其中包含两个 RSRP 门限值，用于区分不同覆盖等级。

9. 数据重传

NB-IoT 采用数据重传的方式获得时间分集增益，采用低阶调制方式提高解调性能和覆盖性能，所有信道都支持数据重传。此外，3GPP 还为每个信道规定了各信道可支持的重复传输次数和相应的调制方式，如表 5-7 所示。

表 5-7　各信道可支持的重复传输次数和相应的调制方式

物理信号/物理信道名称		重复次数	调制方式
下行链路	NPBCH	固定 64 次	QPSK
	NPDCCH	{1,2,4,8,32,64,128,256,512,1024,2048}	QPSK
	NPDSCH	{1,2,4,8,32,64,128,192,256,384,512,1024,1536,2048}	QPSK
上行链路	NPRACH	{1,2,4,8,32,64,128}	—
	NPUSCH	{1,2,4,8,32,64,128}	$\pi/4$ QPSK 和 $\pi/2$ BPSK

5.4.3　NB-IoT 的安全要求

NB-IoT 的安全要求类似于传统物联网的安全要求,NB-IoT 的安全架构如图 5-17 所示。然而两者还是存在许多差异,主要体现在功耗、网络通信模式和实际服务要求的物联网硬件设备等方面。例如,传统物联网终端系统一般具有较强的计算能力和复杂的网络传输协议,并采用更严格的安全加固方案,终端功耗通常很高,需要频繁充电。另一方面,低功耗物联网设备具有功耗低、计算能力低和非频繁充电的特点,这也意味着安全漏洞更可能对终端构成威胁。此外,在实际部署中,低功耗物联网终端设备比传统物联网的终端设备多得多,因此,任何微小的安全漏洞都可能产生更大的安全事故,终端的嵌入式系统越简单,攻击者越容易掌握系统的完整信息。

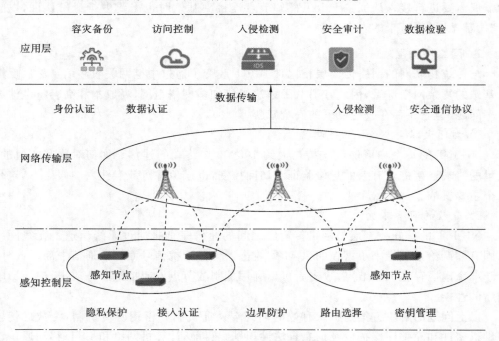

图 5-17　NB-IoT 的安全架构

下面通过感知控制层、网络传输层和应用层组成的三层架构,分析 NB-IoT 的安全要求。

1. 感知控制层

感知控制层位于 NB-IoT 的底层,是所有上层架构及服务的基础。与常见的物联网感知控制层类似,NB-IoT 的感知控制层往往处于被动和主动攻击之下。被动攻击意味着攻击者只窃取信息而不进行任何修改,主要方法包括窃听、流量分析等。由于 NB-IoT 的传输方式为开放式无线网络,攻击者可以通过窃取数据链路和分析流量特征等方法获取 NB-IoT 终端的信息,以展开后续的一系列攻击。

与被动攻击不同,主动攻击包括完整性破坏和信息伪造,因此,主动攻击对 NB-IoT 网络造成的伤害程度远远大于被动攻击的。目前,主要的主动攻击方法包括节点复制攻击、节点捕获攻击、信息篡改攻击等。例如,在 NB-IoT 的典型应用"智能水表"中,如果攻击者捕获用户的 NB-IoT 终端,攻击者可以任意修改和伪造仪表读数,这直接影响用户的切身利益。

在上述攻击中,可以采用诸如数据加密、身份认证和完整性校验的加密算法来进行预防。常用的密码学机制包括随机密钥预分配机制、确定性密钥预分配机制和基于身份的密码机制等。理论上 NB-IoT 设备的电池寿命可以达到 10 年,由于单个 NB-IoT 节点感知数据的吞吐率较小,为了安全起见,应在感知控制层部署轻量级密码(如流密码和分组密码),以减少终端的计算负荷,延长电池使用寿命。

与传统物联网中的感知控制层不同,这里感知控制层节点可以直接与小区内的基站通信,从而避免了网络中潜在的路由安全问题。另一方面,NB-IoT 的感知控制层中的感知节点与小区内的基站之间的身份认证是双向的,即基站连接 NB-IoT 的某个感知节点需要进行接入认证,NB-IoT 感知节点连接到基站时也需要进行身份认证,以防止"伪基站"可能带来的安全威胁。

2. 网络传输层

与传统物联网的网络传输层相比,NB-IoT 改变了通过中继网关收集信息然后反馈给基站的复杂网络部署,因此,NB-IoT 解决了诸如多网络组网、高成本和高容量电池的许多问题,但它还存在一些以下的安全威胁。

1)访问大容量 NB-IoT 终端

NB-IoT 的一个扇区能够支持与大约 100000 个终端的连接。如何对这些实时的、大量的终端连接进行有效的身份验证和访问控制,以避免恶意节点注入虚假信息,这是一个主要挑战。

2)开放的网络环境

NB-IoT 的感知控制层与网络传输层之间的通信完全是通过无线信道。无线网络的固有漏洞给系统带来了潜在的风险,即攻击者传输干扰信号而导致通信中断。此外,由于单个扇区存在大量节点,攻击者可以利用控制的节点发起拒绝服务攻击,进而影响网络的性能。

以上问题的解决方案是引入有效的端到端认证机制和密钥协商机制,为数据传输提供机密性和完整性保护以及信息合法性识别。目前,计算机网络和 LTE 移动通信都有相关的传输安全标准,如 IPSEC、SSL 和 AKA。然而,如何在 NB-IoT 系统中通过效率优化实现这些技术是一个值得研究的问题。

另一方面,应建立完善的入侵检测和保护机制,以检测恶意节点注入的非法信息。具体而言,应为某些类型的 NB-IoT 节点建立和维护一系列的行为轮廓配置,这些配置描述了正常操作期间相应节点的行为特征。当一个 NB-IoT 节点的当前活动与其过去的活动之间的差超过配置文件配置中的项目的阈值时,当前活动将被视为异常或入侵行为,系统应及时进行拦截和纠正,以避免各种入侵或者攻击对网络性能造成不利影响。

3. 应用层

NB-IoT 的应用层目标是有效地存储、分析和管理数据。在感知控制层和网络传输层之后,大量数据汇聚在应用层,形成大量资源,为各种应用程序提供数据支持。与传统物联网网络的应用层相比,NB-IoT 的应用层承载着更大的数据量。NB-IoT 的应用层主要安全要求如下。

1) 识别和处理海量异构数据

由于 NB-IoT 应用的多样性,在应用中融合的数据通常是异构的,这增加了数据处理的复杂性。因此,利用现有计算资源有效识别和管理这些数据成为 NB-IoT 应用层的核心问题。此外,实时容灾、容错和备份也是值得考虑的问题。在各种极端情况下,应尽可能保证 NB-IoT 服务的有效运作。

2) 建立有效的数据完整性验证和同步机制

在应用层中融合的数据来自感知控制层和网络传输层,在收集和传输期间一旦发生异常,数据的完整性将受到不同程度的损害。此外,内部人员对数据的非法操作也会导致数据丢失,从而影响应用层中数据的使用。这些安全问题的解决方案在于建立有效的数据完整性验证和同步机制。此外,还需要加入数据删除技术、数据自毁技术、数据流审计技术和其他技术,以保证数据在各个方向的存储和传输过程中的安全性。

3) 数据访问控制机制

NB-IoT 中有大量用户,不同用户对数据的访问和操作权限是不同的,应建立不同级别用户的相应权限,使用户进行受控的信息共享。目前,数据访问控制机制主要是强制访问控制机制、自主访问控制机制、基于角色的访问控制机制和基于属性的访问控制机制。应根据应用场景的隐私差异,采取不同的访问控制措施。

5.4.4 NB-IoT 智能应用

NB-IoT 可以满足低数据速率服务的功耗低、待机时间长、覆盖范围广、容量大的要求,但难以支持高移动性。因此,NB-IoT 更适用于静态、连续移动或实时数据传输服务。NB-IoT 适合以下服务。

(1) 自主异常报告服务,包括烟雾检测器、智能计量通知等。它们的上行数据量非常小,大约 10 B,传输周期大多是 1 年或 1 个月。

(2) 自主周期性报告服务,上行链路数据量相对较小,100 B 左右,并且传输周期是 1 天或 1 小时。典型应用包括智能公用事业服务、智能农业/环境监控等。

(3) 网络命令服务。这种类型的服务包括启动/关闭、发送上行链路报告、计量要求等。与自主异常报告服务不同,其下行数据量非常小,10 B 左右,传输周期为 1 天或 1 小时。

(4) 软件升级服务。软件补丁或升级,上行链路和下行链路数据量都相对较大,1000 B 左右,并且传输周期通常是 1 天或 1 小时。

NB-IoT 的智能应用如图 5-18 所示,NB-IoT 的具体应用场景可归纳为智慧城市、智慧建筑、智能农业/环境监控、智能用户服务和智能计量。其中,智能用户服务包括可穿戴设备、智能家居、人体跟踪等。智能农业/环境监控包括环境监测、污染监测、动物监测、水质监测、土壤监测等。

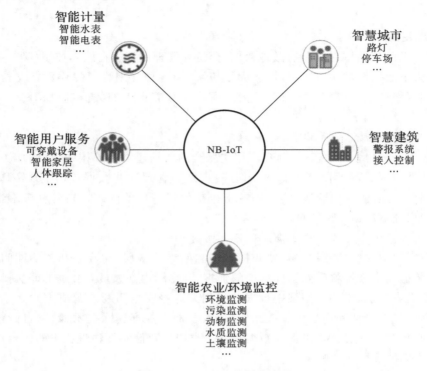

智能计量
智能水表
智能电表
…

智慧城市
路灯
停车场
…

智能用户服务
可穿戴设备
智能家居
人体跟踪
…

NB-IoT

智慧建筑
警报系统
接入控制
…

智能农业/环境监控
环境监测
污染监测
动物监测
水质监测
土壤监测
…

图 5-18　NB-IoT 的智能应用

　　智慧城市旨在实现车辆、道路、路灯、停车场、井盖、垃圾箱、电表、水表、燃气表、热量表等公共设施的互联互通;实现智能化市政管理,如智能化管理城市的水、电、煤气等基础设施;实现智慧交通管理,如交通流量控制、路况分析、应急处置和智能停车,协助实现 5G 车辆互联网等。智能城市实现的最重要特征是物联网的通信覆盖。随着 NB-IoT 标准的逐步建立,利用运营商在城市建设大规模网络的实验,很容易形成规模效应。NB-IoT 的一个重要特征是深度和广泛的覆盖范围,即使是地下室和停车场也能被覆盖,因此,可以使过去工业中的各种问题得以顺利解决。

5.5　eMTC 技术

　　eMTC 技术是物联网的应用场景技术,提供超高可靠性和低延迟。eMTC 的重点主要在于通信。

　　万物互联是一种不可阻挡的趋势。物联网中的大量连接将通过宠物跟踪、老年人护理和智能旅行,或通过工业制造和智能物流在垂直行业中广泛应用于日常生活中。这些应用需要更广泛和更深的覆盖能力、更低的功耗以及更大规模的连接和更低的成本。目前的蜂窝网技术在覆盖能力、功耗、成本等方面都不能满足低功耗广域网的要求,因此,eMTC 技术应运而生。

　　eMTC 是源自 LTE 协议的万物互联网的重要分支。为了适应事物之间的通信并进一步降低成本,进行了微调和 LTE 协议优化。eMTC 的部署基于蜂窝网,其用户设备可以通过支持 1.4 MHz 的频率和带宽基带直接连接到现有的 LTE 网络。eMTC 支持的上行链路和下行链路的最大峰值速率为 1 Mb/s,可以支持丰富和创新的物联网应用。诸如车联网、智能医疗和智能家居等物联网应用产生了巨大的连接,超出了人与人之间的通信需求,这是实现运营商大连接目标的重要战略方向。eMTC 技术作为一种新兴技术,广泛支持广域蜂窝网中低功耗设备的物理连接。

　　eMTC 具有低功耗广域网的四个基本优势:覆盖范围广、具有大规模连接的能力、功耗低和模块成本低。由于覆盖范围广,与同一频段下的现有网络相比,eMTC 可以获得 15 dB 的传输增益,从而显著提高了 LTE 网络的覆盖能力。此外,eMTC 的一个扇区支持近 100000 个连接。eMTC 终端模块的待机时间可长达 10 年。大规模连接带来了模块芯片成本的快速下降,一块 eMTC 芯片的目标成本约为 1~2 美元。

　　eMTC 还拥有四种不同的能力:高速率、移动性、可定位性和语音支持。eMTC 支持的上行链路和下行链路的最大峰值速率为 1 Mb/s,远远超过当前主流物联网技术(如 GPRS 和 ZigBee)的速率,因此,可以支持更丰富的物联网应用,如低比特率视频和语音。此外,eMTC 支持连接状态下的移动性,可以实现无缝切换以保证用户体验。由于 eMTC 是可定位的,因此可以通过在基站侧使用定位参考信号测量而不添加新的 GPS 芯片来实现基于 TDD 的 eMTC 的定位。低成本的本地化技术有利于 eMTC 在物流跟踪和货运跟踪等场合的普及。eMTC 从 LTE 协议发展而来,因此它支持 VoLTE 语音,可以在未来广泛应用于可穿戴设备。

　　eMTC 可以直接在现有的 LTE 网络上部署和升级,并且可以与现有的 LTE 基站共享站点位置和天线馈线。低成本和快速部署的优势有助于运营商抓住物联网市场的机会,迅速扩大业务范围,并帮助第三方垂直行业释放更多需求。

5.5.1　eMTC 网络架构

　　图 5-19 表示了 eMTC 端到端的网络架构。

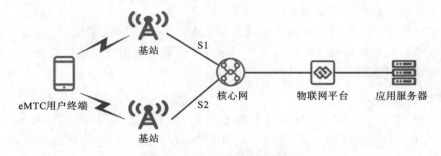

图 5-19　eMTC 端到端的网络架构

　　eMTC 用户终端:终端通过 eMTC 技术与基站相连接,基站再通过 2G、3G、4G 等蜂窝网技术接入网络,基站在整个网络中,起到中继器的作用。终端不需要集成蜂窝网技术,因此降低了复杂度和成本。

　　核心网:核心网将基站收到的数据转发给物联网平台,一方面为 eMTC 提供深度覆盖、低功耗、低成本的终端设备及海量连接的网络,另一方面为应用层的众多应用提供更好的运营支撑。

物联网平台：物联网平台可以进行物联网业务管理、物联网运营支撑等，专注于物联网设备的管理、数据管理，提供物联网相关的计费管理、SIM 管理等。

应用服务器：应用服务器接收经过分析和处理的感知数据，为用户提供特定服务。

5.5.2 eMTC 关键技术

eMTC 技术的目标主要是实现降低终端成本、提升覆盖范围、降低终端功耗以及提升待机时长。本小节主要介绍 eMTC 技术中的关键技术。

1. 重复技术

由于 eMTC 天线的损耗以及最大发射功率下调至 3 dB 的损耗，覆盖增强需要达到 18 dB。重复次数与覆盖增强如图 5-20 所示，重复技术是提升覆盖最主要的关键技术。

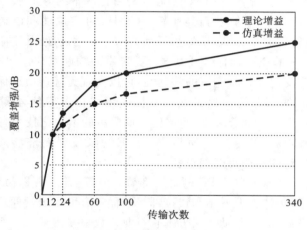

图 5-20　重复次数与覆盖增强

从图 5-20 可以看出，当覆盖增强较高时，重复传输的次数太多，重复带来的性能增益增长速率下降，频谱效率下降较快。此外，高达上百次的重复次数，对传统 LTE 终端有较大的影响。合理的覆盖增强应该小于 15 dB。

重复是在多个发送时间间隔上重复发送冗余（版本不同）的传输块的信息，重复技术通过基于时域扩展对抗信道快衰落和时域合并获取有效信号相比噪声的合并增益两方面提升覆盖增强。

2. 跳频技术

覆盖增强实现的另一个技术就是跳频技术，跳频可得到 1～3 dB 的覆盖增强。R13 LC/CE UE 新的跳频方式（又称子帧间跳频，N 个子帧跳一次）如图 5-21 所示。支持跳频技术的信道有：M-PDCCH、PDSCH、PRACH、PUCCH 和 PUSCH。

3. 低功耗

在智能抄表、环境监控、智能农业等物联网应用的安装环境不具有电源供应，必须安装电池，然而更换电池的人力成本不可忽视，因此要求电池寿命达到 10 年以上。物联网的核心目标是需要分组核心网来支持 UE 低功耗，节省终端的电池消耗。

在无线侧，针对 UE 低功耗，eMTC 的空口技术不同。UE 连接不同的空口，功耗

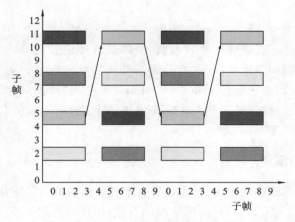

图 5-21 R13 LC/CE UE 新的跳频方式

也会有所不同,同时无线有可以为 UE 节省功耗的技术,如 DRX。

在核心网侧,有两种方案可以降低 UE 功耗,一种是专门为 UE 低功耗设计的方案,即 PSM、长周期 RAN/TAU 定时器、eDRX、UE 指示快速释放连接;另一种是与 UE 低成本相关的方案,如 NAS 简化、CP、Non-IP、非联合附着的 SMS,这些方案有效地简化了终端的实现,同时通过简化业务流程减轻了 UE 执行业务时的负荷,对功耗节省也有一定的贡献。

4. 低终端成本

1)单接收天线

R13 eMTC 相对于 Cat.0 UE(UE-Category,Cat.0 被写入 3GPP R12 标准),新增一类终端类型——Cat-M1 UE 单接收天线。R13 eMTC 还定义了一种新的终端工作模式——覆盖增强,其他普通 UE 也可以工作于覆盖增强模式。在覆盖增强模式下,UE 可当作窄带低复杂度 UE,非单天线 UE 是否会工作于单天线模式由具体终端实现决定。

2)降低峰值速率

LTE 系统带宽为 1.4 MHz、3 MHz、5 MHz、10 MHz、15 MHz 和 20 MHz,而终端带宽降低至 1.4 MHz。对于系统带宽大于 1.4 MHz 的系统,R13 eMTC 终端传输资源是将系统带宽划分为一系列的 1.4 MHz 窄带,每个窄带的大小为 6 个物理资源块。为了资源分配灵活,除传输系统信息的窄带固定为 6 个物理资源块外,eMTC UE 能够调度小于 6 个物理资源块的窄带,剩余的窄带能够被其他 UE 使用,但窄带间不允许重叠。

降低 UE 的系统带宽的前提是保证 UE 可以在任何带宽的系统中正常工作,支持降低带宽的 UE 和普通 UE 的频分复用,同时支持重用传统系统带宽。

3)降低传输块大小

不管是单播还是多播,CAT-M1 UE 支持的最大传输块大小皆为 1000 b,软比特数 25344 b。每个发送时间间隔最多只能接收一个单播或多播传输块。

4)降低调制阶数

终端只支持 QPSK 或 16QAM,不支持低阶调制阶数,如 π/2 BPSK,不支持上下行 64QAM。

5）低 UE 发射功率

降低 UE 发射功率或去掉功率放大器，会降低终端设备成本。然而降低发射功率会影响上行覆盖性能和频谱效率，进而会影响功耗和版本标准。通过简单地去除功率放大器，设备的输出功率可能会下降 0～5 dBm。另外，芯片设计也许会导致更高的发射功率。经过以上的分析，是否将 CAT-M1 UE 发射功率降低至 20 dBm 取决于各芯片的厂商和终端的实现。

5.5.3 eMTC 应用场景

eMTC 适合于传输速率较快、设备具有移动性及语音能力的应用场景，可以很大程度地复用 LTE FDD 和 TD-LTE 的网络基础设施，因此只需要进行少量的设备投资，现有网络就可以对 eMTC 进行支持，不需要重新建网。

eMTC 技术主要应用于智能家居、智能公交、物流跟踪、工业环境监测等。

5.6 本章小结

低功耗广域网技术将广覆盖、低功耗和低成本的无线连接融合在一起，为低数据量以及对时延要求不高的物联网应用提供了强大的技术支撑。本章主要介绍了不同通信技术的不同网络结构以及特性，列举了不同技术应用的不同场景。

每项低功耗广域网技术都在物联网市场中占有一席之地，LoRa 技术将提供更低的设备成本、更高的覆盖率以及更长的电池寿命，相比之下，NB-IoT 技术将服务于低延迟和高质量服务的更高价值的物联网应用，而 eMTC 技术则有利于服务传输速率较快和设备具有移动性的应用场景。

第五代移动蜂窝通信已经在 2019 年实现部分城市的部署，这将为物联网应用带来全球低功耗广域网解决方案。

习 题 5

一、选择题。

1. 下列不属于 LPWAN 技术的是（　　）。

A. LoRa 技术　　　　B. ZigBee 技术　　　　C. NB-IoT 技术　　　　D. eMTC 技术

2. 下列 LPWAN 技术中，（　　）工作在未授权频段。

A. LoRa 技术　　　　B. CDMA 技术　　　　C. NB-IoT 技术　　　　D. SigFox 技术

3. 下列哪项性能中，不是 LPWAN 技术设计的目标（　　）。

A. 低成本　　　　B. 远距离　　　　C. 低功耗　　　　D. 高速率

4. LoRa 技术的拓扑结构为（　　）。

A. 星形　　　　B. 网状　　　　C. 树形　　　　D. 总线型

二、填空题。

1. NB-IoT 技术在授权频段中使用窄带技术，有三种部署方式：_____、_____、_____。

2. LoRa 终端有_____种工作模式,分别是_____、_____、_____。

3. eMTC 技术是物联网技术的一个重要分支,基于_____协议演进而来。

4. NB-IoT 是由_____标准组织进行的。

三、简答题。

1. 画出 NB-IoT 的两种帧结构。

2. 简述低功耗广域网通信技术的应用场景。

3. 简述 NB-IoT 的三个层次。

6

物联网通信技术的综合应用

物联网通信技术解决了具有智能的物体在局域和广域范围内能够传递信息、分布在不同区域的物体能够协同工作的问题。利用物联网通信技术可以促进信息世界和物理世界的融合,实现物体状态监测、数据传输、综合分析处理等功能,提高智能化管理水平。本章对智能家居、智慧交通、智慧城市等物联网通信技术的多种应用进行介绍。

6.1 智能家居

6.1.1 智能家居概述

早在 1995 年,比尔·盖茨在他的《未来之路》一书中,对他准备在华盛顿湖边修建的别墅进行了描述:"凭你戴的电子别针,房子会知道你是谁、你在哪里,并根据这些信息尽量满足,甚至预见你的需求。当你沿着大厅走动时,你前面的灯光逐渐变强,而后面的灯光逐渐消失……"这一描述把智能家居的概念带入到人们的视野,也描述了人们对"物联网"时代的美好愿景。因此智能家居开启了人们对"物联网"的朦胧意识。

智能家居是以家庭住宅为平台,利用综合布线技术、网络通信技术、自动控制技术、音频技术将与家居生活有关的设施进行集成后,构建高效、智能的住宅设施及家庭日常事务的管理系统,在实现环保、节能的基础上,提升家居生活的安全性、便利性、舒适性和高效性等。

智能家居是物联网发展大背景下的物联化体现。智能家居通常是利用物联网通信技术将家中常用的电器设备网络化或连接在一起,如门窗、灯具、家电等,并在此基础上,提供远程对家电设备、照明设备、安防设备的控制,以及环境监测、红外转发等功能。智能家居除了具备传统家居的居住功能,还将原本静止的结构转变为能动的、具有智慧的工具,为人们提供全方位的信息交互功能,既增强了家居生活的舒适性、安全性和时尚性,还节约各种能源费用。

智能家居不是单一的智能设备的简单组合,而是一个集成化的系统体系环境。在智能家居系统中,物联网的目标是通过射频标签、红外感应、智能插座和开关等设备,按约定的协议,通过网络把家居中的灯光控制设备、音频设备、智能家电设备、安防设备等与互联网连接起来,进行信息的交换和通信。智能家居系统的组成如图 6-1 所示。

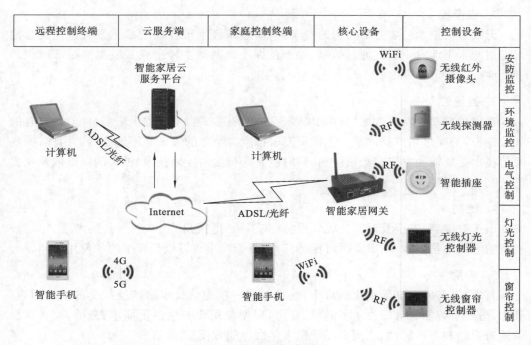

图 6-1 智能家居系统的组成

物联网专家、中国工程院院士邬贺铨表示,随着先进科技的不断崛起,智能家居正朝着网络化、信息化和智能化等方向发展。这主要依赖于两大科技技术的发展。一是无线通信技术在智能家居领域大显身手。以前,传统的智能家居采用有线通信方式,需要破坏墙体,施工麻烦,影响美观,后期维护困难,而且成本较高。相比较而言,无线通信技术则不需要破坏墙体,外观简洁、大方,组网方便,而且后期维修方便。二是物联网的发展成为智能家居发展的分水岭,这将对智能家居的发展方向、产业规模进行拓展和延伸。

6.1.2 智能家居通信技术标准

在智能家居环境下,涉及的通信技术能实现家居各个元素之间的互联及互通。由于无线通信技术相对于有线通信技术有着明显的优势,无须重新布线,安装方便、灵活,而且根据需求可以随时扩展或改装,因此,本章集中在无线通信技术的范畴。

智能家居和无线通信技术是一种相辅相成的关系。人们对智能家居的要求提高,无形中推动了无线通信技术的发展,而无线通信技术的发展,其效果则在智能家居运行的过程中显现出来。两者相互促进,相互发展。无线通信技术众多,但智能家居的无线网络必须满足一定的要求。

1. 可靠性

对于智能家居中的某些功能,如门锁、警报以及供暖等都要求有高可靠性。为保障通信的高可靠性,通常采用信息反馈的方式,即接收端接收到信息后,向发送端反馈信息,发送端通过反馈信息确定信息是否送达,通过这种双向的沟通保证通信的可靠性。在市场中,并非所有的无线通信技术都符合这种要求。

2. 安全性

无线通信技术还要考虑通信的安全性,防止未经系统授权的第三方有意或无意地对通信产生干涉或干预。通过编码、加密及握手机制等多种措施一般都能保证通信的安全性。

3. 互通性

在家居自动化功能方面,照明、供暖、家电设备多来自不同的供应商,他们各有各的领域专长,若要求用户只从某一个供应商取得所有类型的设备是不现实的。因此,无线通信技术必须能独立于多个供应商,同时应有跨行业的互通技术、强大的标准以及优良的产品认证制度。

4. 低功率

出于对健康、安全及对其他无线设备(如手机、电视机)或有的干扰的考虑,家居环境下的无线通信技术,功率要尽可能的低,而且低功率也可以延长电池的使用时间。

5. 实用性

首先,设备要保证大众化的价格,这是影响一项通信技术被广泛接受的重要因素;其次,适用于智能家居的技术要简单、易用,以便使用户的生活更简单;最后,要考虑设备的兼容性和可扩展性,让用户在使用多年后也能方便更换。

目前,或多或少符合上述标准,并已经成功应用在智能家居领域的无线通信技术方案主要包括射频技术(频带大多为 27 MHz 和 433.92 MHz)、IrDA 红外线技术、HomeRF 协议、ZigBee 标准、Z-Wave 标准等。

2005 年,中国通信标准化协会组建了家庭网络特别工作组,研究基于电信网络的家庭网络技术标准。随着 3G 的普及,与第三代通信网络有关的 IPv6 也成为推动智能家居发展的重要标准内容。首批列入标准制定的内容包括 IPv6 基本协议、IPv6 网络总体要求、邻居发现协议等。

6.1.3 智能家居无线通信方式的选择

1. 433 MHz 频段的模拟无线通信

一些小的供应商将市场主要聚焦在低价格和入门级的性能上,可提供模拟无线通信系统,往往这些设备的生产质量和安全性较低。模拟无线通信的主要特性如下。

(1)可靠性弱。
(2)安全性低。
(3)互通性弱。
(4)功率低。
(5)价格低。
(6)使用简单。
(7)兼容性差。

当前,模拟无线通信系统正逐渐被更可靠、性能更高、应用更具弹性的数码系统所取代。

2. 6LoWPAN 技术

6LoWPAN 是 IPv6 over Low Power Wireless Personal Area Network 的简写,即

基于 IPv6 的低功耗无线个人区域网。互联网工程任务组(IETF)于 2004 年 11 月正式成立了 6LoWPAN 工作组,并着手制定了基于 IPv6 的低功耗无线个人区域网标准,旨在将 IPv6 引入以 IEEE 802.15.4 为底层标准的无线个人区域网。

IEEE 802.15.4 标准定义了一个可靠、低功率、低传输率(低于 250 Kb/s)的通信连接,已被多个不同的家居自动化通信网络技术采用。IEEE 802.15.4 标准定义了低功耗无线个人区域网的物理层和 MAC 层。6LoWPAN 技术具有如下优势。

(1) 普及性。IP 网络应用广泛,作为下一代互联网核心技术的 IPv6,也在加速着普及的步伐。

(2) 适用性。IP 网络协议栈架构受到广泛的认可,无线个人区域网完全可以基于此架构进行简单、有效的开发。

(3) 易接入。6LoWPAN 使用 IPv6 技术,更易于接入其他基于 IP 技术的网络和下一代互联网,使其可以充分利用 IP 网络的技术进行发展。

(4) 易开发。目前基于 IPv6 的许多技术已比较成熟,并被广泛接受。

尽管 6LoWPAN 技术存在诸多优势,但仍有许多问题需要解决,如 IP 连接、网络拓扑结构、报文长度限制及安全特性等。

3. HomeRF 技术

HomeRF 无线标准是由 HomeRF 工作组开发的开放性行业标准,目的是在家庭范围内使计算机与其他电子设备之间实现无线通信。

HomeRF 使用开放的 2.4 GHz 频段,采用跳频扩频技术,跳频速率为 50 跳/秒,共有 75 个宽带为 1 MHz 的跳频信道。HomeRF 基于共享无线接入协议(Shared Wireless Access Protocol,SWAP),适合语音和数据业务。

HomeRF 作用距离为 100 m,传输速率为 1～2 Mb/s,支持流媒体传输,在抗干扰能力上略有不足,然而 HomeRF 技术没有公开,目前仅被很少的企业支持,因此应用前景并不广泛。

4. ZigBee 技术

在 3.2 节中介绍过,ZigBee 技术是针对系统所需传输数据量小、传输速率低的应用场合而设计的。针对智能家居应用的要求,ZigBee 系统的特性如下。

(1) 可靠性一般。

(2) 安全性一般。

(3) 互通性:在无线电层可以,在应用层不能。

(4) 功率低。

(5) 价格低。

(6) 使用简单。

(7) 兼容性差。

5. Z-Wave 技术

在 3.5 节中讲过,Z-Wave 技术是一种短距离无线个人区域网技术,专注于智能家居控制领域,是一种十分适合厂商进行智能家居模块开发的技术。

Z-Wave 技术在智能家居应用中具有如下优势。

(1) 采用低于 1 GHz 的频段,避开极度拥挤的 2.4 GHz 和 5 GHz 频段。

（2）用于信息确认技术,网状拓扑结构提供安全及可靠的双向通信。

（3）价格定位合理,虽然比低端模拟技术的价格稍高,但相比于更高端的技术,Z-Wave 还是非常有竞争力的。

（4）全球所有采纳 Z-Wave 技术的设备都能在单一网络中相互操作,并容许任何 Z-Wave 控制器管控。

6. WiFi 技术

在 3.7 节中介绍过,WiFi 技术是一种价格低廉、组网灵活的技术。与其他无线通信技术相比,在智能家居应用中具有如下优势。

（1）高速率数据传输。WiFi 技术在数据传输安全性和无线通信质量方面均有待提高,但其数据传输速度可达 54 Mb/s,高速率数据传输可以满足社会信息化和个人信息化的需求。

（2）高可靠性。即使周围环境极其嘈杂、混乱,由于具有较好的过滤功能,WiFi 设备可获得高质量的无线通信。

（3）无线电波覆盖范围广。WiFi 的电波覆盖半径约为 100 m。

（4）非布线网络。不需要布线是 WiFi 技术的显著优势所在,摆脱了布线的限制,WiFi 技术具有易搭建、动态拓扑结构和可移动性等特点。

（5）低门槛进入该领域。只需要安放热点,并将 Internet 通过高速线路接入即可完成网络架构。接入点周围 100 m 以内的区域均可接收到上述热点所发射的电波。因此,厂商可以节省大量网络布线的资金,降低了成本。

（6）使用开放频段。WiFi 采用的频段属于全球范围内完全开放的频段,任何用户均可自由使用该频段,不需要任何申请或许可。

6.1.4　智能家居系统设计方案

智能家居系统包括多个方面,按其功能划分,其主要包含的子系统有智能安防子系统、智能照明子系统、智能环境监测子系统、智能能源管控子系统。

1. 智能安防子系统

智能家居的核心功能需求是安全、舒适和健康,因此,智能安防子系统是智能家居系统的重要子系统。智能安防子系统主要通过智能终端与各种传感设备配合,实现对各个防区的报警信号及时收集与处理,通过本地声光报警、短信报警或邮件报警等报警形式,向用户发出警示信号。

智能安防子系统需要具备远程实时监控、远程报警和远程撤销的功能,其基本结构如图 6-2 所示,实现系统具有能"看"、能"说"、能"听"的功能。

2. 智能照明子系统

随着物联网技术、通信技术和自动化技术的发展,照明系统也进入智能化的时代。照明系统智能化的目标通常有两个:一是节约能源;二是提高照明系统的控制水平,包括定时功能、远程控制、明暗调节等。智能照明子系统的基本结构如图 6-3 所示。

3. 智能环境监测子系统

近年来,室内甲醛致癌的情况时有出现,家居环境越来越受到重视。加强对家居环境的环境状况(有害气体含量、空气湿度、室内温度、灰尘等)的实时监测,并将相

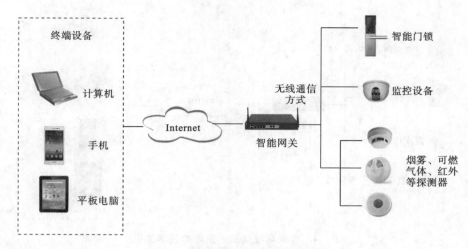

图 6-2　智能安防子系统的基本结构

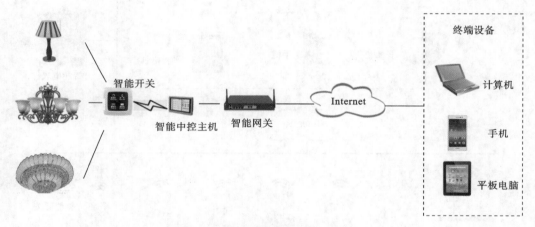

图 6-3　智能照明子系统的基本结构

关环境数据传输到手机或计算机上,同时实现相关指数超标自动报警功能,用户通过手机远程监控即可实现对家中环境的掌握和控制。智能环境监测子系统可为人们提供一个安全、健康、舒适的生活环境。智能环境监测子系统的基本结构如图 6-4 所示。

4. 智能能源管控子系统

如何节约用电、有效控制能源消耗是当前智能家居研究的重要课题,特别是随着智能电网的发展,智能能源管控子系统成为智能家居的重要子系统之一。例如,文献[50]设计了一个智能电网 M2M 通信的网络模型,对现有基于 M2M 通信的智能电网家庭能源管理系统框架、技术特点以及取得的成果进行研究,特别是对智能电网家庭能源管理系统的通信技术进行了详尽分析,包括有线通信技术及无线通信技术。

智能能源管控子系统的目标是将家庭大功率电器,如空调、电磁炉、热水器等,通过无线智能开关记录下电器的实时能耗,并经路由器和网络发送给智能电表。用户可以通过计算机、手机和平板电脑等终端设备进行查看。智能能源管控子系统的基本结构如图 6-5 所示。

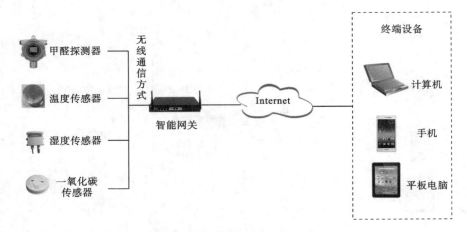

图 6-4　智能环境监测子系统的基本结构

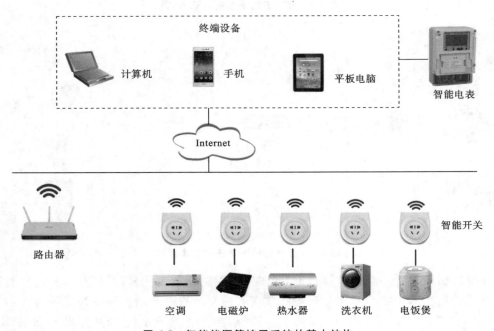

图 6-5　智能能源管控子系统的基本结构

6.2　智慧交通

6.2.1　智慧交通概述

随着社会经济的不断发展和人们生活水平的普遍提高，以及整个社会对交通运输需求的日益增加，汽车保有量激增，现有的交通系统服务已不能满足人们的日常生活需要。如今，信息技术的发展为交通运输领域带来了多种机遇，通过移动物联网技术来提高交通便利性和驾驶安全性以及提升用户体验已经成为目前研究的热点，智慧交通系统（Intelligent Transportation System，ITS）应运而生。智慧交通将以人为本作为产业宗旨，将可持续发展作为产业理想,将移动物联网、移动互联网、云计算、大数据、远程控制、计算机技术等信息技术打包集成在智慧交通系统中,致力于为用户提供便捷式的智能化服务。

智慧交通系统是依赖于车载无线通信技术的新兴交通系统,旨在将先进的信息技术、数据通信技术、电子控制技术、计算机处理技术及智能车辆技术等综合运用于地面交通管理体系。通过对交通信息的实时采集、传输和处理,并借助各种信息技术和智能化设备,对交通情况进行相应的定位与协调,从而建立覆盖广、通信实时及定位精准的交通管理系统,使交通设施得以充分利用,提高交通效率和安全,使交通运输服务和管理智能化,实现交通系统的集约式发展。智慧交通系统是通过移动物联网将信息技术应用于交通的设计、规划与管理的新兴交通系统。

智慧交通系统的宗旨是使交通功能智能化,通过建立有效的无线车联网络,采集车辆、道路等交通信息,对车辆信息与道路使用需求进行合理的协调与管理,从而有力保障道路交通安全、提高交通效率、疏通交通堵塞、降低能源消耗并减少环境污染,即将先进的交通理论与移动物联网技术集成并运用于交通系统,打造和谐交通。智慧交通系统将采集处理的数据,实时地反馈给车主,车主通过接收相关信息,快速地作出反应。相比于传统交通系统,智慧交通系统的关键特征是预测性、实时性、信息交互性以及集成性。

随着移动终端的普及,移动物联网与智慧交通的结合将成为交通运输发展的必然趋势。智慧交通系统是移动物联网的应用领域之一,移动物联网是智慧交通系统的基础技术。在智慧交通系统的发展中,移动物联网为智慧交通系统提供了有力的理论指导和技术支持。多种信息技术应用于智慧交通系统,包括信息收集及数据反馈。根据移动物联网的特点,智慧交通与移动物联网的结合将有助于智慧交通快速发展。基于移动物联网的智慧交通系统将促进城市和谐化、智慧化及便捷化发展。下面将从应用概述、技术架构、应用方案等方面,就移动物联网技术在智慧交通中的应用进行阐述。

6.2.2 智能停车

1. 应用概述

由于我国汽车保有量急剧增加和城市停车需求日益增长,传统的停车场管理方法已无法满足目前停车场管理的实际需求,尤其一线城市对停车场管理方法提出了更高的要求,现有的停车场管理方法面临着前所未有的挑战。为了解决人们停车难、车位利用不当等问题,智能停车场的出现成为必然。智能停车场应用移动物联网技术,采集车辆信息、停车场空位量、车辆出入时间点等信息,实现车位引导、车位查询、停车场测控等实际应用功能。

智能停车场管理系统主要通过给用户提供路外停车场和路内停车场的停车场位置、停车泊位总数、空余停车泊位数量、停车收费价格等信息,减少车主寻找车位的时间和无效交通,缓解城市交通拥堵状况,提高停车位的利用率和降低道路占有率。通过智能停车场管理系统,车主可通过移动终端完成车位的数据查询、位置预定及缴费。智能停车场管理系统由此为用户提供更加稳定可靠的停车服务,推动智慧交通,"点亮"智慧城市。

2. 技术架构

智能停车场管理系统的典型架构如图 6-6 所示。

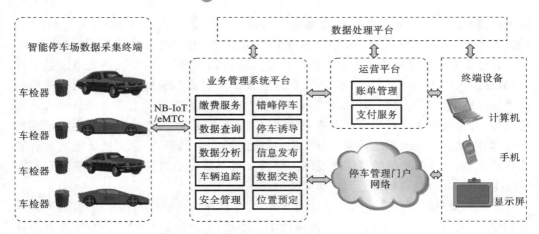

图 6-6　智能停车场管理系统的典型架构

3. 应用方案

为了实现停车场信息的实时获取、停车场泊位的最大化利用以及缴费功能实时化，本方案采用基于 NB-IoT 技术的车辆检测器以实现智能停车。NB-IoT 技术提供运营商级别的网络保障，极大地提高了可靠性和安全性；车辆检测器即插即用，通过手机及停车管理门户网络为城市居民提供智能停车服务。

在停车场计费系统中，当车辆到达入口时，车辆检测器获取车辆信息并将采集的信息通过移动物联网传送到数据处理平台进行信息处理，车辆进入停车场，业务管理系统平台进行停车计时，同时运营平台提供车主相应的实时计费数据。当车辆到达出口时，车辆检测器将数据采集系统得到的信息上传，业务管理系统平台以停车时长计算出需缴费用，最后通过运营平台帮助车主完成缴费服务，车主完成停车全过程，离开停车场。

4. 移动物联网在智能停车上的优势

移动物联网的应用已成为通信网络发展的必然趋势，是智能停车发展的重要技术支持。对于商场、医院、酒店等停车位需求量极大的服务场所，由于车位有限，车主经常无法及时找到车位，导致停车场车位不能合理使用。利用移动物联网的优势可实现对智能停车场车位的合理分配。智能停车场中布置的交通设备可通过与 NB-IoT 技术的结合，利用其低功耗的特性实现长期无须更换电池以降低人工维护成本。NB-IoT 技术广覆盖的优势大大增强地磁车检器的抗干扰能力，即使是普通无线网络信号难以到达的地下停车场或是偏远的停车位也可覆盖 NB-IoT 网络。除此以外，NB-IoT 网络无须中继器中转，不存在选址问题，地磁车检器即装即用，为停车场的建设与使用提供了极大的便利。近年来，城市车辆激增，NB-IoT 基站海量连接的特点能够让更多车辆进行高质量通信。随着大数据时代的到来，城市交通数据越来越庞大，车主可以通过移动物联网技术实现数据使用的最优化，为智慧城市创造更大的价值。

6.2.3　智能公交

1. 应用概述

在城市化快速发展的今天，城市公交在交通系统中占有重要的地位，而节能减排是可持续发展的必经之路，因此越来越多的市民选择公交出行。如今城市公交已经成为人们出行的主要公共设施之一，而现有的公交系统满足不了人们出行的需求。因此，设计开发满足实际需求的智能公交系统,是解决传统公交系统效率低最有效的方法。

随着"公交优先、以人为本"的绿色环保理念深入人心,人们对公交出行的需求逐渐增加,并对智能公交提出了更多要求。智能公交乘客信息服务系统通过调度中心将公交线路上的车辆位置、车辆运行时间等信息快速、准确地显示给正在候车的乘客。在各公交站设立内置 NB-IoT 通信功能的电子站牌,为乘客提供实时、准确、高效的实时数据,使乘客作出更合理的计划安排。智能公交系统通过语音、文字、图像等方式向乘客提供静态的和动态的信息,信息包括各线路经过的站点、首末班时间、车辆到达本站的预估时间、所有同线路公交的运行位置和可换乘公交线路信息等,从而提高乘客出行效率,方便乘客制订出行计划。

2. 技术架构

智能公交系统的典型架构如图 6-7 所示。

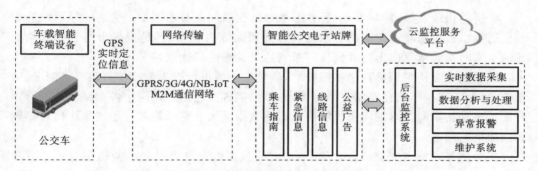

图 6-7　智能公交系统的典型架构

3. 应用方案

随着城市化规模的高速扩展,人们对公共设施的要求也在不断提升。因此,智能公交乘客信息服务系统就显得尤为必要。其中,智能公交电子站牌作为公共交通系统的重要组成部分,成为乘客实时获取公交信息的基础交通设施。内置 NB-IoT 通信模块的智能公交电子站牌,提供电子线路、车辆位置语音播报、集成站台监控录像等功能。智能公交电子站牌为乘客提供实时、精准的公交信息,提高了用户体验水平。

车载智能终端设备对公交车进行精确定位并将实时位置传送至智能公交电子站牌,智能公交电子站牌通过无线通信方式将感知数据实时传送到云监控服务平台。云监控服务平台查询相应的公交线路信息并将其反馈给智能公交电子站牌,实现与智能公交电子站牌的实时通信。智能公交电子站牌接收云监控服务平台发送的数据后,后台监控系统对公交线路的车辆信息进行相应的分析与处理,通过与车载智能终端的实时通信,车载智能终端设备自动测算距离前方各公交站点的站数,并将结果实时发布到智能公交电子站牌上。智能公交电子站牌主要显示的内容有公交换乘提示、全线站点设置和站间距、所有在线车辆数、车辆实时位置、下趟班次车辆距本站的站数以及到站时间,方便乘客作出合理线路安排。智能公交为人们提供更好的公交信息服务,推动智慧交通与低碳经济城市的建设。

4. 移动物联网在智能公交上的优势

为了给智慧城市发展绿色经济和低碳经济,倡导低碳的生活方式,完善智能公交体系显得尤其重要。内置 NB-IoT 通信模块的智能公交电子站牌接收云监控服务平台发送来的信息后公布给乘客，在一定程度上提供更优的用户体验。移动物联网与智能交通的结合，或许将引起整个公交产业的加速发展。移动物联网的应用可以让智能公交电子站牌花很低的价钱便可支撑全年的通信数据。与现有的无线技术相比，移动物联网无须重新建网，可降低智能公交电子站牌的建设安装复杂度以及减少日后的维护管理费用，同时可接入海量的智能公交电子站牌以及增强通信终端的抗干扰能力，从而更好地满足人们对公交信息的需求。

移动物联网技术的出现是整个物联网产业的重要转折点，可以为智慧交通行业开拓更大的市场。

6.2.4　交通诱导系统

1. 应用概述

经济的快速发展，使城市车辆激增，城市的交通问题日趋严重。交通诱导系统为智慧交通提供重要保障。交通诱导系统又称交通路线引导系统，是根据出行者的起始点或通过实时交通信息向出行者提供一条到达目的地的最优线路。

交通诱导系统采用移动物联网技术，诱导车主的出行行为来改善道路拥堵情况，防止交通堵塞，减少车辆在道路上的逗留，并最终实现交通流在路网中各个路段上的合理分配。移动物联网技术的应用可解决因通信数据量大或移动终端过于密集而出现车辆无法通信的问题。

交通诱导系统由交通信息采集平台、交通数据综合处理平台和交通信息动态发布平台组成。交通信息采集平台主要收集静态交通信息和动态交通信息，其中静态交通信息包括公路网信息、交通管理设备信息等交通基础设施信息，动态交通信息包括各类车辆检测器实时采集的车流量、行车速度、道路占用率等交通信息。交通数据综合处理平台主要完成实时路况的生成，通过实时采集并处理交通数据，生成路网中各路段的实时交通状态并保存在实时交通状态数据库中。交通信息动态发布平台直接面向出行者，交通信息动态发布平台接收来自指挥调度中心和信息处理中心的交通信息，通过各类信息传输渠道将信息发布到各类信息发布终端。

2. 技术架构

交通诱导系统的典型架构如图 6-8 所示。

3. 应用方案

交通诱导系统主要发布三类信息：警告警示信息、交通诱导信息和公众信息。交通诱导系统不仅能给用户提供最优线路，在紧急情况下还能对突发事件进行定位并及时反馈应急措施，通过大数据提前预测堵塞道路路段，实现智能车流疏导。在交通诱导系统中，信息采集设备对交通事件进行交通信息采集，交通事件包括交通事故、道路施工等引起的交通拥堵以及重大活动时的交通管制和保卫措施。在信息采集设备完成信息采集后，将信息通过 NB-IoT/eMTC 无线网络传输至数据融合与处理平台，完成交通状态数据处理、应急事件处置、交通流量统计分析等功能，生成各路段实时交通状态并保存于交通 GIS 数据库中，也可根据实时交通数据生成交通拥堵事件。最后将处理的数据传送至交通状态及诱导信息发布系统。交通诱导屏主要对群体性交通进行诱导，面向车载和移动终端的信息系统通过移动终端发布实时路况和实时交通信息，面向公共

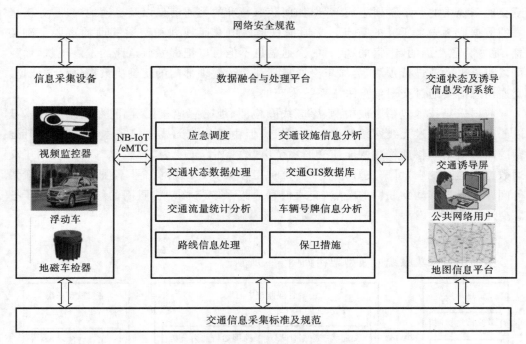

图 6-8 交通诱导系统的典型架构

网络用户的系统通过 Internet 以 GIS、实时交通状态及实时交通事件的形式发布路网的实时交通状态。

4. 移动物联网在交通诱导系统上的优势

为了推动智慧交通建设,改善道路占用率现状,信息采集设备可以通过移动物联网技术来实现智慧交通诱导。移动物联网技术将加速交通诱导系统的演进,信息采集设备可以通过 NB-IoT/eMTC 技术实现,在传输信息的过程中不需要中间环节,简化交通信息传输的过程。很多信息采集设备布置于路面下或者偏远地方,时常出现易受干扰、信号不稳定等问题,影响诱导信息的精准性,而移动物联网的信号比普通的无线信号具有更强的抗干扰能力以及更加稳定的性能。除此以外,信息采集设备覆盖范围广,前期的投入以及后期维护管理成本高,若将移动物联网技术应用于交通诱导系统上,则可以降低前期的投入以及后期的维护成本,而且信息采集设备具有低功耗的特点,可延长工作时间,减少日后更换电池的额外工作,提高交通诱导系统的性能,以此达到最大的社会效益。

随着用户对交通信息需求的提高,现有的传统交通信息系统已不能满足人们的需求。移动物联网与交通诱导系统的结合将进一步加速智慧交通的发展。

6.2.5 交通数据收集系统

1. 应用概述

当前,城市路网的不断复杂化以及海量交通设备的动态随机化,交通压力倍增,传统的交通数据采集技术已无法满足人们对交通信息服务的需求。随着计算机、互联网以及移动物联网的广泛应用,交通数据采集技术不断提高。交通数据采集技术作为智慧交通系统中的一个重要组成部分,如何获取精准的交通信息以及迅速地处理、分析采集的数据成为未来研究的重点。交通信息是城市交通规划和交通管理的重要基础信息,通过获取全面的、丰富的、实时的交通信息不但可以把握城市道路的发展现状,而且可以对未来发展进行预测,为城市交通规划和交通管理部门的正确决策提供科学依据。交通信息需要通过交通信息采集系统来获取。

数据采集技术包括微波检测、感应线圈检测、地磁感应检测等,将数据采集技术获取的交通信息通过无线网络发送至接收机。但由于传统无线通信技术的缺陷,使其运营的压力倍增。移动物联网能使交通系统由"数字化"转变为"智慧化",将其应用于交通数据采集系统中,可解决数据采集器维护工作量大、无线网信号不强、电池寿命较短等问题。根据移动物联网的特点,交通信息采集系统与移动物联网的结合将有助于智慧交通系统快速发展。

2. 技术架构

交通信息采集系统的典型架构如图 6-9 所示。

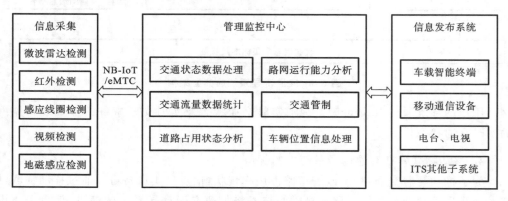

图 6-9   交通信息采集系统的典型架构

3. 应用方案

交通信息采集系统的基础是交通信息数据的采集。近些年来,交通信息采集的方式快速发展,在传统的视频监控器采集、固定检测器采集等方式的基础上,出现了浮动车交通信息采集、无人机交通信息采集等新方式。感应线圈检测器是目前最为成熟的信息采集设备之一,其可检测车道占有率、路面车流量、车辆速度等交通信息。感应线圈检测器通常埋于路面下方,根据环形线圈的特性,通过车辆移动产生变化的线圈电感量达到采集车辆信息的目的。感应线圈检测器将采集的交通信息通过移动物联网上传至管理监控中心,由此解决经常出现的通信信号薄弱或维护困难等问题。管理监控中心将采集的信息进行统计和处理,最后将分析的信息传输到信息发布系统,通过车载智能终端、电台、电视及 ITS 让人们得知交通信息。

4. 移动物联网在交通数据采集系统上的优势

在物联网时代,万物互联成为未来发展的方向,出现越来越多结合移动物联网的数据通信设备。对于静态交通信息采集设备,如地磁车检器,在采集数据时往往存在很多问题。在信息采集设备采集的过程中,设备的维护和电池的续航成为关键。除此以外,很多设备安装于地下区域,因此可能出现无线通信信号薄弱而影响数据传输的问题。

移动物联网的 NB-IoT 技术具有超低功耗及广覆盖的特点,可以很好地解决以上问题。对于动态交通信息采集设备,如浮动车,需要提供实时的车流量、车辆位置、车辆速度以及道路交通状态等信息。现有无线通信技术无法很好地提供信息传输服务,且传统无线网络及各种非授权频谱的小无线所需中继器的架设等工作量很大。因此,无论是采集信息过程的实时性问题还是成本及设备架设维护问题,都可以通过 NB-IoT 广覆盖、海量连接的特点和 eMTC 在时延、移动性以及数据速率等方面的优势得以改善。

大数据时代,交通信息将爆发式增长。对于交通设备架设成本高、车流量密度大、道路交通状态信息多的地区,移动物联网技术应用于交通信息采集系统将成为交通系统的最佳选择。

6.2.6　共享单车

1. 应用概述

共享单车作为一种新兴的交通工具,为人们提供了更加便捷的出行方式。由于其符合低碳出行理念,因此被推广到全国各地。虽然早前为了解决短途出行问题,公共自行车在许多城市已进行部署与建设,但因其管理不当,租借卡易丢失以及定点借、还等问题,使其最终没有发展起来。而共享单车采用无桩自行车模式,可以实现随停随取,并且共享单车上装有定位设备,人们可通过 APP 来寻找附近车辆以及实现对车辆的预定。

共享单车作为物联网时代产生的新事物,可有效解决"最后一千米"的短途问题,使出行变得更加经济、便捷。移动物联网技术作为信息通信行业的新兴技术,在共享单车的应用方面,移动物联网技术具有极大优势。如何让市民更精准地找到共享单车,如何更好地体验共享单车以及如何对共享单车进行维护和管理,最关键的是在物联网技术领域进行系统的更新,因此,为共享单车提供 NB-IoT 网络和平台支撑服务能够为广域放置的车辆提供良好的低功耗物联网连接服务,以信息化技术助力智慧交通。

2. 技术架构

共享单车系统的典型架构如图 6-10 所示。

3. 应用方案

共享单车作为"新四大发明"之一,是共享经济与互联网的结合体。从架构上看,共享单车是基于云端的服务与应用。共享单车的平台是一个建立在云计算上的双向实时应用。云计算不仅能保证共享单车的快速部署,同时还能使共享单车适用于大规模高并发场景。为了提高共享单车系统的性能,不少公司推出结合 NB-IoT 技术的改进型共享单车。共享单车的主体架构是"单车端—手机端—云端"。

对于共享单车来说,智能锁是实现共享的关键。智能锁中主要包含了通信模块、GPS/北斗双定位系统、移动侦测器、车锁执行区、蜂鸣器等。共享单车是通过"单车端—手机端—云端"间的信息交互实现应用。应用的具体流程为:首先,用户通过手机 APP 扫描共享单车的二维码以获取其 ID,将该共享单车的 ID 通过手机端传送至云端,发起解锁请求;其次,云端接收到共享单车的 ID 及用户信息后对信息进行核查,并通过网络将解锁命令发送给智能锁中的 NB-IoT 模块;然后,智能锁根据接收到的解锁命令完成开锁,在开锁的同时,云端将开锁信息传送给手机端,手机 APP 根据实时信息进行计费服务;最后,在用户骑行过程中,智能锁将实时的 GPS 信息及其他状态信息通过 NB-IoT 上传至云端。

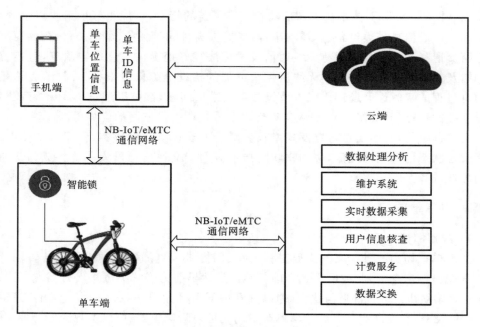

图 6-10   共享单车系统的典型架构

4. 移动物联网在共享单车上的优势

目前大部分共享单车采用 GSM 网络,而 GSM 网络基站的承载十分有限。因此多家共享单车公司都在对其共享单车进行系统升级,其中将 GSM 模块换成 NB-IoT 模块成为许多公司的首选。广覆盖、低功耗的移动物联网技术将大大提高共享单车的有效连接。NB-IoT 的超强覆盖、海量连接、超低功耗及超低成本四大特点使移动物联网技术在共享单车的应用上具有优势。

一是广覆盖,NB-IoT 信号穿墙性是 GPRS 的两倍,因此共享单车无论身处室内或是地下室,都可利用 NB-IoT 技术顺利开/关锁,提高用户的用车体验。二是设备的海量连接,NB-IoT 技术比现有的 2G、3G、4G 技术网络连接能力高出约 100 倍,即同一基站可以连接更多的共享单车,避免掉线情况。三是低功耗,即含有 NB-IoT 模块的智能锁可通过现有电池供电 2~3 年而无须额外供电,即可解决用户常因智能锁供电不足而无法开锁的问题。

随着 NB-IoT 技术的大规模发展,共享单车与 NB-IoT 技术的结合将为人们提供更好的用户体验,在万物互联的时代,移动物联网将为共享单车带来更多的活力。

6.2.7   移动物联网技术在智慧交通中的应用展望

1. 发展方向分析与预测

智慧交通系统的发展必须服从交通系统的整体发展战略,其发展目标应是充分利用移动互联网、大数据、移动物联网等信息技术,实现人、车、路密切配合,从而达到和谐统一。

1)提升智慧交通信息服务水平

车路协同交互是交通运输领域的核心。车路协同交互采用无线通信、传感器等技术进行车路信息获取。通过车与路的相互通信,实现车与路的协同配合,提高交通运输的效率，减少交通事故的发生，最终达到提升智慧交通信息服务水平的目的。

2）加强智能协同技术与车联网的融合

车联网是物联网在智慧交通领域的延伸。车辆作为智慧交通的移动终端，与车联网可在信息交互、实时监控、运输管理等方面进行融合。如参考文献[57]所述，车联网为各交通元素进行信息协同交互提供传输载体和信息源，从而实现智能协同技术与智慧交通的完美配合，实现车路协同。

3）加大无人驾驶技术研究力度

无人驾驶技术是智慧交通系统的研究重点，特别是在特殊环境下的无人驾驶技术。无人驾驶技术通过各种传感器感知周围道路环境，并通过车联网实现信息交互。无人驾驶技术的关键技术包含车辆定位、车辆控制、车辆调度等技术。无人驾驶技术在智慧交通系统中占据着重要的地位，其研究与发展影响智慧交通的发展。

2. 发展趋势分析与预测

随着信息化的普及，智慧交通系统迎来新变革。智慧交通系统的创新发展趋势已有所显现。虽然智慧交通系统的核心是大数据，但车辆数据管理系统、交通数据管理系统、能源数据管理系统等受到同等的关注。总体上，智慧交通系未来的主要发展趋势包括以下几个方面。

（1）交通运行状态精确感知与智能化调控。通过应用新一代信息技术，对环境、交通基础设施、载运工具等状态感知变得更动态与实时，使交通运行实现智能化调控。

（2）车路协同控制与交通工具智能化。车路协同系统的建立将是未来交通系统的重要特征，使人、车与路成为一个系统，使出行更安全、用户体验更舒适。

（3）交通系统全局最优化与协同联动控制。通过信息共享业务协同的智慧交通系统，可将运输方式、运输通道、枢纽等资源进行最优化配置，实现运输过程中的无缝衔接与零换乘。

（4）创新驱动和市场引导。智慧交通信息将按市场引导、价值驱动的原则在各交通运输参与方之间流动，并将产生新的应用服务模式，推动智慧交通产业化的形成和发展。

（5）主动式交通安全保障与交通应急系统。通过车路协同等方式，实现对危险情况的主动预警和事件的迅速反应，以提供更安全的交通环境。从产业方面来说，将追求更加精细、精准、完善和协同的服务，并加速交通产业生态圈跨界融合。移动物联网、信息服务、车辆制造、智慧交通等行业融合发展将成为大趋势。智慧交通系统不仅要解决交通拥堵、交通安全的问题，还需要注重基础设施智能、安全、环保、高效等目标的协同。

3. 发展前景

随着对智慧交通行业投资力度的加大以及汽车保有量的增加，城市智慧交通规模将会持续增大，未来前景可期。

未来，新兴信息技术产业的社会变革作用将集中体现，我国智慧交通将在公路电子收费、交通信息服务、交通车辆调度等领域实现一体化和产业化。我国智慧交通发展的总目标是基本适应现代交通运输业发展要求的智慧交通体系，提供便利的出行服务和高效的物流服务。智慧交通系统关键在于交通数据实时获取、车辆调度、交通信息交互等技术的集成创新。尤其在鼓励产业发展方面，明确战略创新模式，着力推进智慧交通产业化,积极营造智慧交通产业发展环境,在交通信息服务、运营管理等方面实现产业突破。

智慧交通系统尽管市场巨大、需求旺盛、效益可观,但智慧交通的发展仍面临着巨大的挑战。智慧交通的实现需要交通基础设备的协议接口统一化,从而实现各种交通元素信息交互。除此以外,智慧交通的实现离不开政府的资助,随着各地政府对智慧交通系统建设的日益重视,部分城市的智慧交通系统已具雏形。我国智慧交通系统的发展也将带动相关产业的发展,促进智慧城市的发展。

6.3 智慧城市

在城市发展轨迹中,现代信息技术与通信技术发挥着巨大的推动作用。当前,席卷全球的信息技术革命方兴未艾,特别是以下一代移动通信、物联网、三网融合和云计算等为代表的新一代信息技术正在孕育着信息技术的更大突破。信息技术已逐渐渗透到城市规划、市政、交通、医疗、教育、能源、环保等领域,影响并改变着城市的生产、生活方式,从而催生了智慧城市的理念。作为新一代信息技术变革的产物,以透彻感知、互联互通、智能应用为主要特征的智慧城市应运而生,它代表了城市信息化的高级形态,体现了现代城市发展的新趋势。智慧城市的理念通过应用新一代信息技术,将改变城市的运行方式,提高城市的管理和服务水平,引发科技创新和产业发展,进而创造更美好的城市生活。

6.3.1 智慧城市的概念

智慧城市有狭义和广义两种理解。狭义上的智慧城市是指以物联网为基础,通过物联化、互联化、智能化方式,让城市中各个功能彼此协调运作,以智慧技术高度集成、智慧产业高端发展、智慧服务高效便民为主要特征的城市发展新模式。智慧城市本质是更加透彻的感知、更加广泛的连接、更加集中和更加深度的计算,为城市肌理植入智慧基因。广义上的智慧城市是指以"发展更科学,管理更高效,社会更和谐,生活更美好"为目标,以自上而下、有组织的信息网络体系为基础,整个城市具有较为完善的感知、认知、学习、成长、创新、决策、调控能力和行为意识的一种全新城市形态。也就是说,智慧城市既是新一代信息技术变革的产物,也是一种新的城市发展理念和形态。

关于智慧城市的概念,国内外研究机构、学者有不同的理解和阐释,概括起来主要观点如下。

哈佛大学商学院于 2009 年提出了"智慧城市宣言",倡导以智慧城市、智能社区作为节点服务于城市居民的生活。

美国麻省理工学院智慧城市研究团队认为,城市是由不同的子系统组成的,在系统整合的每个层面都存在大量机会来引入数字神经系统、智能响应,这包括个人、建筑和整个城市的设备与设施。通过数字神经系统的横向沟通,有可能协同不同的系统运作,从而实现效率提升和可持续发展。

IBM 把智慧城市描述为可以充分利用所有当今可能的互联化信息,从而更好地理解和控制城市运营,并优化有限资源的使用情况。21 世纪的智慧城市能充分运用信息和通信技术手段感知、分析和整合城市运行核心系统的各项关键信息,从而对包括民生、环保、公共安全、城市服务等在内的各种需求作出智能响应,为人类创造更美好的城市生活。

英国奥雅纳工程顾问公司的研究团队认为,智慧城市是通过应用现代技术和设计,使不同城市系统间的关联和结构更加清晰、灵敏和可延展。在智慧城市中,居民不仅能够了解他们与社区和更广泛的城市生态系统之间的关系,而且能够积极参与城市活动,因此,与 20 世纪的单一功能结构的许多城市相比,它是有效的、互动的、自适应的和灵活的。

国际数据公司认为,智慧城市能够提供无所不在的联机、先进的宽带服务、完整的无线环境,利用 IP-enabled 的装置互联与沟通,并通过一个中央控制中心来管理,让所有的居民在任何地点都可以获得身旁环境中的实时信息,远程管理是重要的基本精髓。

美国城市规划专家 Roger Caves 博士认为,智慧城市应用信息科技来转变整个城市的发展,包括提供更多且更佳的公众服务、促进经济发展、远程医疗服务发展,智慧城市不会依赖单一技术,而是应用各种不同技术来解决城市中各式各样的需求。

城市和气候战略专家 Boyd Cohen 博士认为,智慧城市借助信息通信技术来使其更加智能和有效地利用资源,从而降低成本、节约能源、提高服务水平和生活质量、减少环境污染。

中国科学院院士、中国工程院院士李德仁认为,智慧城市是城市全面数字化基础之上建立的可视化和可测量的智能化城市管理和运营,即智慧城市＝数字城市＋物联网,包括城市信息、数据基础设施,以及在此基础上建立网络化的城市信息管理平台与综合决策支撑平台。

我国首家智慧城市发展研究平台——智慧城市实验室的首席科学家连玉明认为,智慧城市是以新一代信息技术为核心,以数字信息基础设施为平台,以实现人口、产业、空间、土地、环境、社会生活和公共服务等领域智能化管理为目标的全新城市形态。

由以上观点可以看出,虽然不同的研究机构、学者对智慧城市阐释的角度不同,但其本质是一致的。总的来说,智慧城市是借助新一代的物联网、云计算、决策分析与优化等信息技术,将城市各运行系统整合起来,使城市以一种更智慧的方式运行,进而创造更美好的城市生活。其核心特征表现为:更透彻的感知、更深度的互联互通和更广泛的智能应用。

6.3.2　智慧城市的架构

智慧城市的架构如图 6-11 所示,包括四层结构:感知控制层、网络传输层、数据层和应用层。

感知控制层:提供对环境的智能感知能力和执行能力,通过感知设备、执行设备及传输设备,实现对城市范围内基础设施、环境、设备和人员等要素的识别和信息采集。

网络传输层:为智慧城市提供大容量、高带宽、高可靠、全城覆盖的网络通信基础设施,包括通信网、互联网、广播电视网等为主体的核心传输网,提供无线接入服务的蜂窝无线网络以及集群网络等一些专用网络等。目前,智慧城市的网络层建设主要包括有线网络和无线网络两个方面。有线网络方面主要是加快城市光纤宽带网络建设,实现城镇化地区全覆盖,继续提升网络基础设施能级。无线网络方面则通过 3G、城市 WiFi 以及 4G 的建设,构建起多层次、广覆盖、多热点的城市无线网络。中国移动、中国电信、中国联通等运营商已在全国多个城市与当地政府合作建设智慧城市。中国移动的

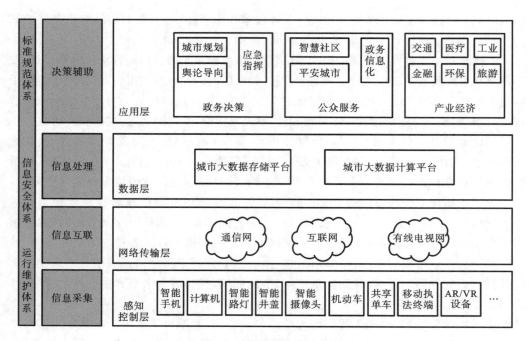

图 6-11　智慧城市的架构

建设以"无线城市"为突破口；中国电信把握住用户对更高速率、更高带宽的需求，提出了"光网城市"发展战略，强调有线和无线的无缝衔接、全面覆盖的通信网络，实现高速、无缝宽带网络；中国联通以城市广网络、WCDMA 无线网络、WLAN 网络三大网络为基础，构建"共建、汇聚、开放"的发展模式，推进智慧城市发展。

数据层：为智慧城市提供数据存储、计算以及相关软件环境的资源，保障上层对数据的相关需求。当前，智慧城市中数据层主要是在系统规划现有云计算中心计算能力的基础上，在统一的云平台上对数据进行整合、共享、挖掘和分析。

应用层：通过数据和服务的融合支撑，承载智慧应用中的相关应用，并在感知层、网络层、数据层之上，建立各种基于行业或领域的智慧应用及应用整合，如智慧政务、智慧交通、智能医疗、智慧社区等，为社会公众、企业用户、城市管理决策用户等提供信息化应用和服务。

6.3.3　智慧城市的应用项目

自智慧城市的概念提出以来，经过十多年的发展，从最初的设想到落地实践，世界各国形成了不同的智慧城市建设模式和发展方向。

2009 年，美国迪比克市与 IBM 合作，建立美国第一个智慧城市。利用物联网技术，在一个有六万居民的社区里将各种城市公用资源（水、电、油、气、交通等）连接起来，监测、分析和整合各种数据以作出智能化的响应，更好地服务市民。迪比克市的第一步是向所有住户和商铺安装数控水电计量器，其中包含低流量传感器技术，防止水电泄漏造成的浪费。同时搭建综合监测平台，及时对数据进行分析、整合和展示，使整个城市的资源使用情况能一目了然。更重要的是，迪比克市向个人和企业公布这些信息，使他们对自己的耗能有更清晰的认识，对可持续发展有更多的责任感。当前，美国倡导通过大数据实现智慧城市的虚实互动,由美国麻省理工学院媒体实验室开发的"City Scope"项目以乐高积木为基本单位构建,各种数据驱动的、能够智能动态显示城市运转状况的城市物理三维模型用于城市决策系统。市政可将其视为一个包括拥挤、污染、犯罪、噪音等多维度的城市状况晴雨表。市民通过 City Scope 的数据、模型和虚拟现实,参与规划设计 BRT 交通线路。

英国智慧城市发展模式以市民为中心,让市民参与政策制定作为发展的首要方向,智慧伦敦通过 Talk London 等数字化交互渠道了解伦敦市民、企业和其他利益相关方对智慧伦敦的理解和需求,通过智慧伦敦挑战赛让市民和企业参与解决城市发展中的问题,并着力解决"数字鸿沟",让更多的人能获得技术进步带来的收益。

欧洲中部智慧城市合作的主题是"绿色智慧城市合作"。提出智慧城市建设全面支撑核心能源战略,实现三个"20",即可再生能源电力占比提高到 20%、能效提高 20%、碳排放量相比 1990 年减少 20%。推动城市对现有资源的有效配置和合理化利用,围绕城市运行管理、废水与废气处理、新能源智能并网、建筑节能、生态环保、循环经济等方面,改善城市生产、生态、生活的资源利用体系,助力形成生态高效、信息发达、经济繁荣的现代化都市。

韩国以网络为基础,打造绿色、数字化、无缝移动连接的生态、智慧型城市。通过整合公共通信平台,以及无处不在的网络接入,消费者可以方便地开展远程教育、医疗,办理税务,还能实现家庭能耗的智能化监控等。

新加坡 2006 年启动"智慧国 2015"计划,通过物联网等新一代信息技术的积极应用,将新加坡建设成为经济、社会发展一流的国际化城市。在电子政务、服务民生及泛在互联方面,新加坡成绩引人注目。其中智慧交通系统通过各种传感数据、运营信息及丰富的用户交互体验,为市民出行提供实时、适当的交通信息。

经过十多年的探索,中国的智慧城市建设已进入新阶段,一座座更高效、更灵敏、更可持续发展的城市正在应运而生。统计数据显示,截至 2017 年底,中国超过 500 个城市均已明确提出或正在建设智慧城市,预计到 2021 年市场规模将达到 18.7 万亿元。

智慧城市虽然发展的模式和程度各不相同,但就其应用而言,主要包括以下的领域。

1. 智慧公共服务

建设智慧公共服务和城市管理系统。通过加强就业、医疗、文化、安居等专业性应用系统建设,通过提升城市建设和管理的规范化、精准化、智能化水平,有效促进城市公共资源在全市范围内共享,积极推动城市人流、物流、信息流、资金流的协调高效运行,在提升城市运行效率和公共服务水平的同时,推动城市发展转型升级。

2. 智慧政务城市综合管理运营平台

智慧政务城市综合管理运营平台主要包括公安应急系统、公共服务系统、社会管理系统、城市管理系统、经济分析系统、舆情分析系统等政府智慧大脑中枢系统,为满足政府应急指挥和决策办公的需要,对区内现有监控系统进行升级换代,增加智能视觉分析设备,提升快速反应速度,做到"事前预警,事中处理及时、迅速",并统一数据、统一网络,建设数据中心、共享平台,从根本上有效地将政府各个部门的数据信息互联互通,并对区域内的车流、人流、物流实现全面的感知,为科学的领导、指挥、决策提供技术支撑。

3. 智慧城市综合体

采用视觉采集和识别技术、各类传感技术、无线定位技术、RFID 技术、条码识别技术、视觉标签技术等技术，构建智能视觉物联网，对城市综合体的要素进行智能感知、自动数据采集，涵盖城市综合体当中的商业、办公、居住、旅店、展览、餐饮、会议、文娱、交通、灯光照明、信息通信和显示等方方面面，将采集的数据可视化和规范化，让管理者能进行可视化城市综合体管理。

4. 智慧社区

智慧社区充分考虑居民小区中公共区、商务区、居住区的不同需求，融合应用物联网、互联网等网络技术，发展社区政务、智慧楼宇管理、智慧社区服务、社区远程监控、安全管理、智慧商务办公等智慧应用系统，使居民生活"智能化发展"。智慧社区建设是将智慧城市的概念引入了社区，以社区群众的幸福感为出发点，通过打造智慧社区为社区百姓提供便利，从而加快和谐社区建设，推动区域社会进步。基于物联网、云计算等高新技术的智慧社区是智慧城市的一个"细胞"，它将是一个以人为本的智能管理系统，有望使人们的工作和生活更加便捷、舒适、高效。

5. 智慧旅游

智慧旅游是以物联网、云计算、下一代通信网络、高性能信息处理、智能数据挖掘等技术应用在旅游体验、产业发展、行政管理等方面，使旅游物理资源和信息资源得到高度系统化整合和深度开发激活，并服务于公众、企业、政府等的面向未来的全新的旅游形态。其核心是为游客提供高效旅游信息化服务，主要包括导航、导游、导览和导购服务。

6. 智慧交通

智慧交通建设"数字交通"工程，通过监控、监测、交通流量分布优化等技术，完善公安、城管、公路等监控体系和信息网络系统，建立以交通诱导、应急指挥、智能出行、出租车和公交车管理等系统为重点的、统一的智能化城市交通综合管理和服务系统建设，实现交通信息的充分共享、公路交通状况的实时监控及动态管理，全面提升监控力度和智能化管理水平，确保交通运输安全、畅通。

7. 智慧健康保障

智慧健康保障的重点是推进"数字卫生"系统建设，建立卫生服务网络和城市社区卫生服务体系，构建以全市区域化卫生信息管理为核心的信息平台，借助现有的物联网通信技术，使患者与医务人员之间、医疗机构与医疗设备之间、医疗卫生单位之间建立沟通和交互。以医院管理和电子病历为重点，建立全市居民电子健康档案，以实现医院服务网络化为重点，推进远程挂号、电子收费、远程医疗服务、图文体检诊断系统等智能医疗系统建设，提升医疗和健康服务水平。

8. 智慧文化服务

智慧文化服务领域的重点是数字化图书馆的建设。数字化图书馆是一种基于网络环境下搭建的共享可扩展知识的网络系统，该系统是一种虚拟的、没有围墙的图书馆，是超大规模的、分布式的、便于使用的、没有时空限制的、可以实现无缝链接与智能检索的知识中心，旨在建设学习型社会，推进文化共享。

9. 智慧工业

智慧工业是将具有环境感知能力的各类终端、通信技术等融入工业生产环节,将传统工业提升到智能化新阶段,从而达到提高制造效率和改善产品质量的目的。智慧工业以信息化带动工业化、以工业化促进信息化,从而实现新兴工业化目标。

10. 智慧产业

智慧产业属于第四产业,是指直接运用人的智慧进行研发、创造、生产、管理等活动,形成有形或无形智慧产品以满足社会需要的产业,是教育、培训、咨询、策划、广告、设计、软件、动漫、影视、艺术、科学、法律、会计、新闻、出版等智慧行业的集合。

综上所述,从智慧城市建设内容来看,主要包括两个方面:一是加强城市基础通信网络建设,提高通信网络带宽及覆盖率;二是在云平台上提供智慧应用服务。通信网络及云平台的进一步完善是智慧城市建设的基础,最终目标是应用服务能促进城市管理效率、改善居民生活质量。

6.4　本章小结

本章以智能家居、智慧交通和智慧城市为例,介绍了物联网通信技术的综合应用。智能家居的应用是物联网的概念萌生的源泉之一,本章重点分析了智能家居的基本框架、智能家居应用中通信技术选择的要求,以及智能家居中主要应用系统的方案。智慧交通是当前物联网领域最有发展前景的应用之一,本章详细分析了 NB-IoT/eMTC 在智慧交通中的各种应用,并给出了解决方案。最后,本章对智慧城市的概念进行了探讨,为学生具备初步的物联网通信系统设计能力打下基础。

习　题　6

一、简答题。

1. 简述智能家居的概念以及智能家居系统的基本结构。

2. 简述智能家居应用中通信技术的基本要求。

3. 针对智能家居应用场合,比较无线通信方式和有线通信方式的优缺点。

4. 简述移动物联网技术在智慧交通中的应用。

5. 简述你对智慧城市的理解。

二、设计题。

1. 如题图 6-1 所示的智能家居系统的拓扑结构为例,结合所学知识,设计一个智能家居的方案,要求如下:

(1) 描述智能家居系统的组成单元;

(2) 对物联网的通信方式进行说明;

(3) 对功能进行详细设计。

2. 随着智慧城市建设水平的不断提升,城市水资源系统的管理也需要更加智能化。试设计一个基于 NB-IoT 的城市智能节水系统,要求如下:

(1) 根据用户生活用水数据,区分时段、区分用途,自主记忆用户日常用水习惯,通过智能系统控制开断装置,科学地控制出水量,达到在保证用户正常需求的前提下节约

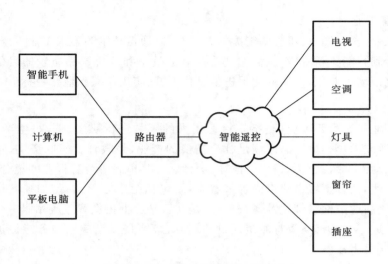

题图 6-1 智能家居系统的拓扑结构

用水的目的；

（2）能够利用人体红外传感器感应用户情况来实现自动供断水，防止因用户忘记关水龙头而造成的大量水资源浪费；

（3）在水管破裂的情况下，通过水流量传感器读取信息，并利用低功耗的窄带物联网及时将数据传输给后台，使现场情况得到控制，从而达到节水的目的。

7

未来物联网

物联网技术能够提供简单的方法收集和分析系统数据，以识别和优化工作中很多事物的性能，因此它正渗透在各行各业中。这一技术革命也给当前物联网带来了新的挑战和新的问题。区块链、人工智能、5G 等新的解决方案很好地解决了这些问题。

7.1 物联网与区块链

物联网用于连接网络中的各种设备，通过互联网获取数据，这些数据在嵌入式系统、传感器、软件和人工智能的帮助下用于各种智能应用。预计全球物联网设备数量将从 2018 年的 210 亿增加到 2023 年的 500 亿。物联网可以说是信息技术领域的一次重大发展。

然而，物联网的快速发展导致了各种问题的出现，其中之一就是易受网络攻击。物联网设备保持通信安全是一件困难的事情，因为要使物联网设备价格低廉、体积小以及易于使用都违反了许多安全策略。区块链已经成为一种可以加强物联网安全的方法。

自从 Satoshi Nakamoto 首次将区块链引入比特币后，区块链技术迅速发展，并且频繁地被使用。最初 Satoshi Nakamoto 使用区块链技术来避免在交易上的双重花费。随着时间的推移，区块链技术开始应用于其他领域，如医疗保健、交通运输、物联网等领域。

目前，很多研究人员就区块链技术在物联网上的应用进行了一些研究，如将区块链用于分布式控制访问管理、通过使用云平台在智能旅行中实施区块链在物联网上的使用以及使用区块链来保护物联网上的数据等。

未来物联网面临的挑战之一就是安全性，使用区块链技术可以加强物联网的安全性，即使用区块链技术可以进行安全通信、用户身份验证、发现合法的物联网以及配置物联网。

7.1.1 区块链简介

区块链于 2008 年首次被 Satoshi Nakamoto 引入比特币而得到推广。最初，比特币是采用区块链技术创建的，目的是避免双重支出。如今，区块链也可以应用于物联网中。

1. 区块链概念

专业术语"区块链"通常用于表示数据结构，有时也指网络或系统。区块链是有序区块的列表,其中每个区块包含交易。区块链中的每个块都连接到前一个块,包括上一个区块的哈希值,因此,在不完全改变区块链内容的情况下,区块链上的交易历史无法改变或删除。这也是区块链免受黑客攻击的原因。

图 7-1 和图 7-2 分别是区块链和区块结构。

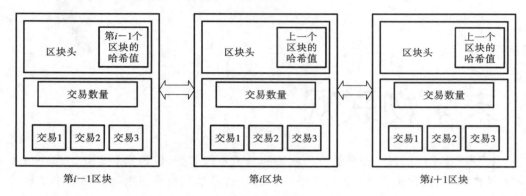

图 7-1　区块链

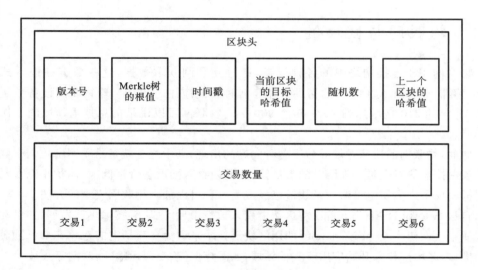

图 7-2　区块结构

区块链的几个重要特征如下。

1) 分权式

在区块链中,不需要第三方来验证交易。共识算法用于维护区块链网络上数据的一致性。

2) 持续性

在区块链中,交易可以快速验证,矿工(矿工是比特币领域中一个特定的概念,指通过不断重复哈希运算来产生工作量的各个网络节点)无法识别无效交易,因此,无法删除已经发生的交易。

3) 匿名

区块链中的每个用户都可以使用生成的地址相交互,因此,在交互中不显示用户的真实身份。

4）可审计性

区块链上的每个交易都是指先前的交易。这也就意味着每个交易可以被轻松验证和跟踪。

2. 以太坊

以太坊是由 Vitalik Buterin 创建的区块链平台，以太坊的主要优点是它支持完整的图灵完备性，这意味着以太坊支持所有类型的计算。以太坊是一种基于交易的状态机。

以太坊有以下核心的概念。

1）货币

为了以数据传输的形式在网络中进行计算，在以太坊上使用固有的货币称为"以太"或 ETH。

2）账户

以太坊上的每个账户都有一个 20 B 的地址，其由四部分组成：①随机数，用于确定每笔交易只能被处理一次的计数器；②账户目前的以太币余额；③账户的合约代码（如果有的话）；④账户的存储（默认为空）。以太坊有两种类型的账户，即外部账户和合约账户。外部账户，该类账户受公钥、私钥控制；合约账户，该类账户被存储在账户中的代码控制。外部账户的地址是由公钥决定的，合约账户的地址是在创建合约时由合约创建者的地址和该地址发出的交易数量来得到的。

3）交易

以太坊中的交易是指一个签名数据包，用于存储从外部账户发送的消息。以太坊中有两种类型的交易，即消息调用和账户创建。此交易包含消息的接收者、用于确认发送者的签名、以太币账户余额、要发送的数据和被称为 STARTGAS 和 GASPRICE 的两个数值。为了防止代码出现指数式爆炸和无限循环，每笔交易需要对执行代码所引发的计算步骤做出限制。STARTGAS 就是通过需要支付的燃料来对计算步骤进行限制的，GASPRICE 是每一计算步骤需要支付矿工的燃料的价格。

4）使用的技术

以太坊使用多种技术，包括 Web 技术、客户端/节点实现和数据存储。

5）共识算法

以太坊有三种类型的共识算法，即权益证明（Proof of Stake，PoS）、权威证明（Proof of Authority，PoA）和工作量证明（Proof of Work，PoW）。

3. 智能合约

以太坊中的一个重要元素是智能合约。智能合约是一种应用于区块链网络，并作为交易验证的一部分自动执行的应用程序。区块链规定，要在以太坊上实施智能合约，必须执行交易的特殊创建。

以太坊上的智能合约通常用高级语言编写，并通过以太坊虚拟机进行编译。最广泛使用的编程语言是 Solidity 语言。

7.1.2 基于区块链的物联网

区块链和物联网都是新兴技术，将在未来的网络中发挥重要作用。这两种技术都有不同的设计目标、设计概念和实施方法。将两者合理整合，可以实现更安全和更有效的功能。

1. 云计算和物联网生态系统

云计算、雾计算和边缘计算是用于管理物联网设备和数据的相关计算。基于区块链的物联网系统设计，实现了对众多物联网应用中时间序列传感器的细粒度访问控制盒数据的管理，提供了安全和强大的访问控制管理，并能够通过分布式存储系统，为处于网络边缘的时间序列物联网数据的存储提供安全、可靠的访问控制管理和帮助。

2. 智慧交通

车辆互联网或智慧交通使用区块链连接的车辆服务，如车辆管理、信息娱乐、驾驶辅助、交通管理和节点之间的数据通信，可以通过有效的通信来预防许多灾难，甚至可以挽救生命。因此，为了防止恶意攻击，如利用不断发展的区块链技术篡改紧急消息或发送虚假消息，网络中仅包括经过身份验证的节点。区块链的智能合约功能可在触发时执行各种特定任务。它可以提供实时更新。分布式结构使其更安全、高效和准确。在智慧交通中使用区块链可以避免第三方参与私人交通。

3. 智能家居

目前，每个智能家居都配备了完全连接的高端设备，可以作为基于区块链的智能家居系统中的矿工。使用分层安全的智能家居可以防止 DDoS 在内的各种攻击。基于区块链的智能家居由于加密和散列仅由选定的矿工完成，因此该架构也是节能的。

4. 智能医疗

医疗保健和在线患者监测可以在可信赖的网络中与区块链集成。这有助于维护患者的隐私和安全，并确保网络风险控制。

5. 智能农业

智能食品供应链是智能农业的一部分，需要透明、中立、可靠和安全的透明信息管理。基于区块链的可追踪的食品供应链，可以用于实时食品追踪。

6. 智能工业

工业系统中从机器到机器的数据自动交易要求区块链确保交换数据的透明度。由于物联网已经对行业产生了巨大的影响，将区块链与物联网融合可以提供可信赖的开放网络，提供合适的输出以增强生产。此外，结合移动云处理、基于云平台和使用区块链能够实现更高的透明度。

7.2 物联网与人工智能

7.2.1 人工智能

人工智能（Artificial Intelligence，AI）是研究、开发用于模拟、延伸和扩展人的智能的理论、方法、技术及应用系统的一门新的技术科学。人工智能是对人的意识、思维信息过程的模拟，该领域的研究包括机器人、语音识别、图像识别、自然语言处理和专家系统等。

人工智能和物联网的融合成为加速科技发展的催化剂,并能产生新的颠覆性数字化服务。人工智能能够通过物联网(来自机器、传感器)采集到的数据信息来进行分析和处理。这不仅能为用户带来个性化的体验,还能使人与周围环境之间的交互变得更丰富、更有意义,两者的结合也能够为大部分行业和领域带来新的转型方向。

7.2.2　人工智能应用于物联网的几大关键领域

1. 运输

在交通运输领域,通过布置一些传感器设备而获得大量交通信息数据,之后利用人工智能技术对数据进行分析和处理,从而进一步提高交通效率。

1) 基于人工智能技术的驾驶辅助和交通监测系统

利用 5G 网络的低时延特性,交通基础设施之间可以采集并分享实时信息。例如,汽车的位置和速度,天气和路面条件,交通拥堵情况和其他道路障碍等。智慧交通监测系统与基于人工智能技术的车载计算机进行交互,车载计算机可以通过获取这些交互信息来为驾驶员提供路径规划服务。

2) 自动驾驶汽车

基于人工智能技术的车载计算机主要采集来自车载传感器、交通基础设施和其他车辆的数据,以便帮助汽车识别周边环境,完成自动加速、自动刹车、自动转向等功能,从而实现自动驾驶汽车。

2. 工业(制造业)

在工业领域,人工智能技术有助于提高生产力,减少人为错误,降低成本,并提高工人的安全保障。通过对工业设施进行远程操控,提高生产设施的灵活性。

1) 工厂自动化和工业机器人的远程控制

人工智能技术可以使得生产过程逐步自动化。例如,机器学习算法可以通过来自传感器设备和补给线边的摄像头采集到的数据进行分析和处理,及时地对操作员不符合规定的操作进行提醒,系统也可以实时、自动地纠正错误。人工智能技术也可以让操作员实现远程监视功能并调整工业机器人的动作。

2) 远程检查、维护和修理

人工智能技术能够帮助工人执行远程检查、维护和修理等任务。尤其在交通不便的、荒凉的或者危险的地区,如核电站、石油钻井平台、矿区等区域,这种方式不但能降低成本,还能降低风险。人工智能技术可以在安全的环境中模拟复杂的情况,用来进行人员培训。

3. 医疗健康

人工智能技术有助于以更低的成本提供更有效的预防保健护理,同时帮助医疗健康的管理者优化资源的使用。此外,人工智能技术也会进一步促进远程诊断和远程手术的发展。

1) 远程健康监测和疾病预防

目前,物联网可以将可穿戴设备进行连接。利用这些可穿戴设备,医疗人员可以轻松采集穿戴者不同的生物计量参数。基于人工智能的医疗平台也能够通过这些可穿戴设备采集数据以确定病人当前的健康状况,并提供相应的健康建议,还可以预测未来可能出现的潜在健康问题。

2）远程诊断和医疗手术

人工智能技术可以协助医生进行远程医学检查,还能获得完整的视听和触觉反馈,这打破了医生提供诊断的物理限制。通过人工智能与物联网的结合,医生还能操控机器人进行远程手术。

4. 公共安全

人工智能技术与物联网结合能够提高系统安全和应急服务的效率,从而直接帮助管理部门打击违法犯罪,使城市变得更加安全。

1）智能视频监控和安全系统

在物联网当中,通过部署大量安全警报器、传感器和摄像头,基于人工智能的安全系统通过这些物联网设备获得大量信息,并自动分析犯罪嫌疑人的肢体语言和面部表情,能实时监测行为动向。此外,通过分析和学习过去的犯罪行为数据,基于人工智能的平台还能预测未来的犯罪行为,以帮助相关部门优化对预防犯罪资源的使用,从而进一步降低维护成本。

2）应急服务

大量基于人工智能技术的摄像头(可能处在固定位置,可能被穿戴在身上,也可能被安装在无人机上)将有助于协调应急服务操作。在危险的环境中,远程控制或自主机器人可以用于取代人类的操作,如在倒塌或烧毁的建筑物中寻找幸存者。而无人机可以用于调查遭受灾害的地区、巡逻海岸线、探测山区走私者或是其他意外情况。

7.2.3 人工智能结合物联网的未来展望

物联网未来一个重要的发展方向是智能化。人工智能与物联网的结合是人工智能落地应用的关键,万物互联必然要求万物智能。物联网将会产生大量的数据,人工智能将跟踪并深入分析这些数据,所以人工智能与物联网的结合还需要大数据、云计算的支持。因而物联网发展的同时也进一步推动大数据与云计算相关技术的落地应用。人工智能也将成为物联网系统的重要组成部分,并将物联网革命推向一个新的高度。

VR/AR 技术与自动驾驶汽车系统现已陆续进入人们的生活,人们可以很轻松地与运算系统进行交互。这也表示人工智能可以通过自然语言处理与学习机器,让技术变得更为直观,也变得较易操控。例如,使用机器视觉的自动驾驶汽车,可以通过人工神经网络检测道路情况,并实时向驾驶员发送提醒等功能。

物联网的发展,与其他产生大量数据的设备和系统相结合,正在加速让人工智能成为现实,让人们真正得以从海量信息中提取有意义和价值的信息。

7.3 物联网与 5G

很明显,随着 5G 技术的飞速发展,数据传输速率的竞争将愈演愈烈,每 5 年就会增加 10 倍的数据速率。对于 5G 而言,这相当于在 2020 年左右需要达到至少 1 Gb/s 的峰值数据速率,随后数据传输速率能够在 5 年内增长到 10 Gb/s,甚至在 2030 年时达到 100 Gb/s,届时 6G 将会步入人们的生活。5G 不仅仅是在开发一套比 4G 更先进的技术,更主要的在于提高可实现的数据速率。与之前从 2G 到 3G 再到 4G 的改进步骤形成鲜明对比的是,现在从 2G 到 5G 的步骤也打开了全新的应用领域,特别是在物联网和触觉互联网领域。这为构建网络以及开发硬件/软件体系结构有效地支持 5G 中的广泛需求带来了许多新的挑战。

7.3.1　5G 中的物联网

随着 2016 年 6 月将 NB-IoT 标准引入 3GPP,很快就在每个设备数据连接率非常小的情况下为每个基站小区连接 5 万个甚至更多的设备。通过这种方式,许多传感器连接时,能够不间断地发送小数据包。显然,在连接了一定数量的传感器的情况下,在 NB-IoT 标准的设计过程中,一个主要的边界条件是满足一个价格走廊,允许"终端"在 1 美元左右的价格。考虑到这一点,该技术的应用领域将是如下领域。

（1）从广泛部署的传感器采集信息,如停车场、温度、湿度、建筑物等信息,可以很容易地计算出这方面的市场每年至少在 100 亿个传感器的部署量范围内。

（2）由于蜂窝通信具有反向信道,NB-IoT 标准还允许开启/关闭设备,因此,转动灯泡、喷洒系统,将其用作唤醒无线电以及许多其他应用都是可以预见的。此外,它非常适合向数字显示器提供信息,如零售店的价格标签。总之,这是一个每年可能达到 1000 亿个传感器部署量的市场。

（3）如果 NB-IoT 标准与定位相结合,它将成为全球跟踪设备的基础设施。不仅可以找到丢失的钥匙,还可以在供应链和物流渠道以及商店的零售商品中跟踪所有交付的包裹。跟踪设备的市场机会可能远远超过 1000 亿个传感器部署量,可能达到每年 1 万亿个传感器部署量。

到目前为止,开发的 NB-IoT 标准还不允许设备在 AAA 电池(1000 mAh)的 10 年寿命期间内每 100 s 传输一个数据包。此外,通过改变导频信号以及将其与蓝牙结合以提高局部精度,可以明显地改善定位。因此,NB-IoT 标准将是一个"Pre-5G"标准,支持一整套新的应用程序。随着它的改进版本在 5G 内定义,一套全新的应用程序将不断发展。无线网络将成为无处不在的网络,用于在全球范围内访问和定位嵌入式传感器。

7.3.2　触觉物联网

随着移动通信技术的发展,其他标准不能解决的触觉物联网中的问题将在 5G 中得以解决。到目前为止,控制真实和虚拟对象的运动是通过点对点的远程控制系统进行的,而不是通过利用普遍存在的基础设施来实现的。主要原因是网络的延迟不符合 1～10 ms 的要求。触觉物联网是一种通过网络实现远程控制的基础设施。应用领域可以在关键领域和非关键领域之间进行分类和划分。如果自动/远程驾驶基础设施在没有红绿灯的情况下控制道路交叉口,则触觉物联网基础设施的可靠性和可用性必须很高。未来自动化工厂中的无线控制机器人便与此类似。数据丢包率必须不大于 10^{-5}。因为该应用领域最有可能第一个进入市场,所以研究的第一个重点是满足延迟要求,在后期增加可靠性和生存能力,即恢复能力。关于这一点,IEEE P1918.1 正在运作,构建触觉物联网的框架和需求规范。

触觉物联网的主要实施挑战是满足 1～10 ms 的端到端延迟。此延迟预算包括以下完整链:传感器信号捕获、与网络的无线通信、控制计算机网络延迟、控制处理、无线电网络延迟、与被控制节点的无线通信、嵌入式信号处理（信号到执行器的执行延迟）。应对挑战的最简单方法是将控制处理定位到无线电接入网络的范围。触觉物联网将实现全新的市场，它从点对点远程控制，到基于基础设施的远程控制网络，再到远程控制真实和虚拟对象，这一过程类似于从"大哥大"无线电话到蜂窝移动电话的阶段，将点对点系统替换为无处不在的蜂窝系统。

7.4　本章小结

物联网的价值不仅在于采集数据，还在于构建整个业务系统，分析数据也是物联网重要的一部分，因此，解决数据安全和隐私问题至关重要。本章主要介绍了区块链、人工智能、5G等与物联网的结合，通过更多的新技术来更好地解决数据安全性和隐私问题。

习　题　7

简答题。

1. 描述区块链免受黑客攻击的原因。
2. 简述区块链在智慧交通上的应用。
3. 简述人工智能的基本定义。
4. 简述人工智能与物联网结合的几大领域。
5. 触觉物联网有哪些特点？请简要描述。
6. 触觉物联网中的延迟预算包括哪些方面？

参 考 文 献

[1] 范立南,莫晔,兰丽辉. 物联网通信技术及应用[M]. 北京:清华大学出版社,2015.

[2] 曾宪武. 物联网通信技术[M]. 西安:西安电子科技大学出版社,2014.

[3] 屈军锁. 物联网通信技术[M]. 北京:中国铁道出版社,2011.

[4] 张翼英,史艳翠. 物联网通信技术[M]. 北京:中国水利水电出版社,2018.

[5] 吕慧,徐武平,牛晓光. 物联网通信技术[M]. 北京:机械工业出版社,2016.

[6] 李旭,刘颖. 物联网通信技术[M]. 北京:北京交通大学出版社,2014.

[7] 樊昌信,曹丽娜. 通信原理[M].7版. 北京:国防工业出版社,2012.

[8] 沈振元,聂志泉,赵雪荷. 通信系统原理[M]. 西安:西安电子科技大学工业出版社,1993.

[9] 高明华. 通信原理[M]. 上海:上海交通大学出版社,2017.

[10] 陈发堂,陶根林. LTE 系统中咬尾卷积码的编译码算法仿真及性能分析[J]. 计算机应用研究,2010,27(9):3338-3340,3355.

[11] 黄玉兰. 物联网射频识别(RFID)核心技术教程[M]. 北京:人民邮电出版社,2016.

[12] 高建良,贺建彪. 物联网 RFID 原理与技术[M]. 北京:电子工业出版社,2013.

[13] 郭志勇. π/4 QPSK 调制原理分析[J]. 信息工程大学学报,2006,7(3):254-256.

[14] 曾一凡,李晖. 扩频通信原理[M]. 北京:机械工业出版社,2005.

[15] 吴伟陵,牛凯. 移动通信原理[M]. 北京:电子工业出版社,2005.

[16] 贺鹏飞,吕英华,张洪欣,等. 基于 Chirp-BOK 调制的超宽带无线通信系统研究[J]. 南京邮电大学学报,2006,26(2):21-25.

[17] 邹艳碧,吴智量,李朝晖. 蓝牙协议栈实现模式分析[J]. 微计算机信息,2003,(5):80-81.

[18] Y N Pratama. Implementation of IoT-based passengers monitoring for smart school application[J]. International Electronics Symposium on Engineering Technology and Applications, Surabaya, 2017:2-3.

[19] C M Ramya, M Shanmugaraj. Study on ZigBee technology[C]. International Conference on Electronics Computer Technology, Kanyakumari,2011:2-3.

[20] 赵军辉,李秀萍. ZigBee 技术及其应用[J]. 广东通信技术,2006:1-2.

[21] U D Ulusar,G Celik,E Turk,et al. Accurate Indoor Localization for ZigBee Networks[J]. International Conference on Computer Science and Engineering, Sarajevo,2018:1-2.

[22] 马祖长,孙怡宁,梅涛. 无线传感器网络综述[J]. 通信学报, 2004,25(4):114-124.

[23] S S Park. An IoT application service using mobile RFID technology[J]. International Conference on Electronics Information and Communication, Honolulu,

2018:1-2.

[24] 赵军辉. 射频识别技术与应用[M]. 北京:机械工业出版社,2008.

[25] M B Yassein,W Mardini,A Khalil. Smart homes automation using Z-wave protocol[J]. International Conference on Engineering & MIS , Morocco, 2016:2-3.

[26] K J van Staalduinen, P H Trommelen. Standards for Third Generation Mobile Communication [J]. VTC Fall. IEEE VTS 50th Vehicular Technology Conference, Amsterdam, 1999:919-923.

[27] Qing Xiuhua, Cheng Chuanhui, Wang Li. A study of some key technologies of 4G system[J]. IEEE Conference on Industrial Electronics and Applications,Singapore,2008:2292-2295.

[28] 5G 网络智能化白皮书. 中兴通信. http://www. qianjia. com.

[29] F Corno, L D Russis, J P Saenz . On The Advanced Services That 5G May Provide To IoT Applications[J]. IEEE 5G World Forum,Silicon Valley, 2018:528-531.

[30] M R Palattella, M Dohler, A Grieco,et al. Internet of Things in the 5G Era: Enablers, Architecture, and Business Models[J]. IEEE Journal on Selected Areas in Communications, 2016,34(3):510-527.

[31] Vidhya R, Karthik P. Coexistence of cellular IoT and 4G networks[J]. International Conference on Advanced Communication Control and Computing Technologies, Ramanathapuram, 2016:555-558.

[32] S H Martínez, O J Salcedo, B S R Daza. IoT application of WSN on 5G infrastructure[J]. International Symposium on Networks, Computers and Communications, Marrakech, 2017:1-6.

[33] Ahmed Hassebo, Muath Obaidat, M A Ali. Commercial 4G LTE cellular networks for supporting emerging IoT applications[J]. Advances in Science and Engineering Technology International Conferences, Abu Dhabi, 2018:1-6.

[34] 章坚武. 移动通信[M].4 版. 西安:西安电子科技大学出版社,2013.

[35] 李莉. MIMO-OFDM 系统原理、应用及仿真 [M]. 北京:机械工业出版社,2014.

[36] 张春红,裘晓峰,夏海轮,等. 物联网关键技术及应用[M]. 北京:人民邮电出版社,2017.

[37] Serge Willenegger. cdma2000 physical layer: an overview[J]. Journal of Communications and Networks. 2000, 2(1):5-17.

[38] R. Yallapragada. QoS implementation in cdma2000[J]. IEEE International Conference on Personal Wireless Communications, New Delhi, 2002:45-50.

[39] Raza U, Kulkarni P, Sooriyabandara M. Low Power Wide Area Networks: An Overview[J]. IEEE Communications Surveys & Tutorials, 2016, 19 (2): 855-873.

[40] S Devalal, A Karthikeyan. LoRa technology-an overview [J]. 2018 Second In-

ternational Conference on Electronics，Communication and Aerospace Technology (ICECA)，Coimbatore，2018：284-290.

[41] A technical overview of LoRa® and LoRaWAN™. https：//lora-alliance. org.

[42] 华东交通大学. 用于跟踪和监测精神障碍患者的 LoRa 系统软件［P］. 中国，2018SR1036608. 2018-07-01[2018-12-19].

[43] M Chen，Y Miao，Y Hao，et al. Narrow Band Internet of Things[J]. IEEE Access，2017(5)：20557-20577.

[44] E Mahjoubi，T Mazri，N Hmina. NB-IoT and eMTC：Engineering Results Towards 5G/IoT Mobile Technologies[J]. 2018 International Symposium on Advanced Electrical and Communication Technologies (ISAECT)，Rabat，Morocco，2018：1-7.

[45] 解运洲. NB-IoT 技术详解与行业应用［M］. 北京：科学出版社，2017.

[46] 孙知信，洪汉舒. NB-IoT 中安全问题的若干思考［J］. 中兴通信技术，2017，23(1)：47-50.

[47] 黄陈横. eMTC 关键技术及组网规划方案[J]. 邮电设计技术，2018，(7)：17-22.

[48] 陈国嘉. 智能家居：商业模式＋案例分析＋应用实战［M］. 北京：人民邮电出版社，2016.

[49] Dr Christian Pätz，施镇乾. 智能家居 Z-Wave 入门实战［M］. 陈松根，译. 北京：电子工业出版社，2016.

[50] 强静仁，张珣，王斌. 智能家居基本原理及应用[M］. 武汉：华中科技大学出版社，2017.

[51] 付蔚，童世华，王浩，等. 智能家居技术［M］. 北京：科学出版社，2016.

[52] 姜婷婷，赵军辉. 智能电网家庭能源管理系统中的网关配置综述[C]. 2015 中国计算机应用大会暨 2015 年大数据与物联网在工业中的应用会议，茂名，2015.

[53] 戴博，袁弋非，余媛芳. 窄带物联网(NB-IoT)标准与关键技术［M］. 北京：人民邮电出版社，2016.

[54] 海天电商金融研究中心. 一本书读懂移动物联网［M］. 北京：清华大学出版社，2016.

[55] 孙晓波，吴余龙，程斌. 智慧停车［M］. 北京：电子工业出版社，2014.

[56] 赵军辉，官雪辉. 移动物联网技术(NB-IoT/eMTC)应用发展白皮书[C]. 2018 未来信息通信技术国际研讨会—5G 应用生态与技术演进，北京，2018.

[57] Junhui Zhao，Qiuping Li ，Yi Gong，et al. Computation offloading and resource allocation for cloud assisted mobile edge computing in vehicular networks[J]. IEEE Transactions on Vehicular Technology，2019，68(8)：7944-7956.

[58] 徐静，谭章禄. 智慧城市：框架与实践［M］. 北京：电子工业出版社，2014.

[59] 张学记. 智慧城市：物联网体系架构及应用［M］. 北京：电子工业出版社，2014.

[60] 杨正洪. 智慧城市：大数据、物联网和云计算之应用［M］. 北京：清华大学出版社，2014.

［61］邹均,张海宁,唐屹,等. 区块链技术指南［M］. 北京:机械工业出版社,2018.

［62］D Fakhri, K Mutijarsa. Secure IoT Communication using Blockchain Technology［J］. 2018 International Symposium on Electronics and Smart Devices, Bandung, 2018: 1-6.

［63］S Roy, M Ashaduzzaman, M Hassan, et al. BlockChain for IoT Security and Management: Current Prospects, Challenges and Future Directions［J］. 5th International Conference on Networking, Systems and Security, Dhaka, 2018: 1-9.

［64］Mats Granryd. Intelligent connectivity: The fusion of 5G, AI, and IoT［R］. Global System for Mobile Communications Assembly Intelligence ,UK, 2018.